“十三五”国家重点出版物出版规划项目
材料科学研究与工程技术系列

无机非金属材料基础实验与综合实验

Basic and Comprehensive Experiments of Inorganic Nonmetal Materials

● 李喜宝　韩　露　主　编

● 王永飞　冯志军
黄军同　罗军明　副主编

哈爾濱工業大學出版社

内 容 简 介

本书较系统地反映了无机非金属材料的基础与综合实验的经典实验和最新成果，符合教学规律并遵循循序渐进的原则。相比于同类教材，本书尽量缩短书中所学知识与社会实际需求间的距离，通过从大量实际生产过程中提炼出实际的工艺进行实验方案的编写，以适应对应用型人才的需求。本书具有非常全面的知识内容，且突出新能源材料及无机功能材料方面的专业特色。

本书的读者对象主要是从事无机非金属材料、功能材料及复合材料的学生和专业技术人员，也包括从事材料类实验教学与性能测试表征的教师及工作人员。

图书在版编目(CIP)数据

无机非金属材料基础实验与综合实验/李喜宝，韩露主编. —哈尔滨：哈尔滨工业大学出版社，2021.5(2025.8 重印)
ISBN 978-7-5603-9250-9

Ⅰ.①无… Ⅱ.①李… ②韩… Ⅲ.①无机非金属材料-实验 Ⅳ.①TB321-33

中国版本图书馆 CIP 数据核字(2021)第 001271 号

材料科学与工程
图书工作室

策划编辑 杨 桦
责任编辑 王 娇
封面设计 卞秉利
出版发行 哈尔滨工业大学出版社
社 址 哈尔滨市南岗区复华四道街 10 号 邮编 150006
传 真 0451-86414749
网 址 http://hitpress.hit.edu.cn
印 刷 哈尔滨圣铂印刷有限公司
开 本 787mm×1092mm 1/16 印张 9.5 字数 243 千字
版 次 2021 年 5 月第 1 版 2025 年 8 月第 4 次印刷
书 号 ISBN 978-7-5603-9250-9
定 价 48.00 元

前　言

为满足无机非金属材料工程与功能材料相关专业的教学急需,使学生具有扎实的专业基础和较强的实验操作及创新能力,我们结合自己的教学、科研实践编写了本书。全书共分为7章,包括:第1章绪论,第2章材料科学基础实验,第3章热工基础实验,第4章陶瓷粉体工程实验,第5章陶瓷、玻璃及耐火材料综合实验,第6章新能源电池与磁性材料综合实验,第7章半导体及光电催化材料综合实验。本书以无机非金属材料工程及功能材料实验为主线,较详细地介绍了无机及功能材料的基础与综合实验。本书的实验突出基础性、综合性及设计性,以达到培养学生创新能力的目的。

本书第1章、第3章和第7章由南昌航空大学李喜宝编写;第2章由南昌航空大学冯志军编写;第4章由南昌航空大学黄军同与罗军明编写;第5章、第6章由辽宁科技大学韩露与王永飞编写。本书由李喜宝、韩露任主编,王永飞、冯志军、黄军同、罗军明任副主编。

本书的读者对象主要是从事无机非金属材料、功能材料及复合材料的学生和专业技术人员,也包括从事材料类实验教学与性能测试表征的教师及工作人员。

在本书的编写过程中,全体编者认真探讨了专业的教学改革,努力将各自学校的特色通过本书体现出来,但由于编者的水平有限及成书时间仓促,书中难免会存在疏漏和不足之处,敬请读者批评指正。

编　者

2020年7月

目　　录

第 1 章　绪　论

1.1　无机非金属材料的基础和综合实验的内涵与特性

1.1.1　实验法的概念与特点

实验法是按照研究目的，充分地控制实验的环境，创设一定的实验条件，科学地选择研究对象，以确立自变量与因变量的因果关系的一种研究方法。

实验法的特征如下：

(1) 实验法与其他研究方法的不同之处，在于研究过程中是否采用系统的操作手段来控制条件，从而达到建立变量之间定量关系的目的。

(2) 研究者控制自变量的发生和发展，使实验沿着研究者预定的方向进行，从而取得所需要的研究结果。

(3) 为了很好地探索因果关系，以确保因变量的变化是由自变量的变化引起的，必须排除其他无关因素的影响，控制无关因素。除了自变量其他条件应保持一致，这样才能保证实验研究具有一定的效度。

(4) 研究问题、研究假设、实验处理、被试的选择、条件的控制、实验设计的方式、实验材料与工具、实验程序等方面都要在实验设计中明确地规定下来，只有这样才能保证实验结果具有科学性和有效性。

(5) 可以在相同的情况下重复进行，以便验证结果的可靠性与有效性。教学实验理论假设正确、设计严密、操作严谨，经过重复实验后所得到的实验结果应大致相同。

1.1.2　教学实验的类型

教学实验是为达到某种教学目的而有计划安排的实验，是学生在实验室进行的教学活动。从教学内容上分类，教学实验可分为基础性实验和提高综合性实验两大类；从实验的教学功能上分类，可分为演示性实验、验证性实验、综合性实验、设计性实验和探索性实验。

1.1.3　综合性实验的内涵与基本特性

综合性实验是实验内容的综合，其涉及本课程的综合知识或与本课程相关课程知识的实验。综合性实验并不局限于实验内容的综合，综合是相对单一而言的，综合的内涵应该包括实验内容的综合、实验方法的综合和实验手段的综合。通过内容、方法和手段的综合，对学生的知识、能力和素质形成综合的学习和培养。综合性实验的综合特征体现在以下几个方面：

(1) 实验内容的复合性。传统的验证性实验的内容一般比较单一，通常限于验证某一条定律、结论或单一的基本操作及基本训练，而综合性实验的内容一般涉及一门课程的多个知识点或系列课程的多个知识点，或涉及相关课程或多门课程的内容，实验内容的复合性是综合性实验的重要特征,旨在培养学生的知识综合能力和对综合知识的应用能力。对基础性实验涉及本课程的知识综合或系列课程知识综合,而专业课则常常涉及相关课程或多门课程的综合知识。

(2) 实验方法的多元性。综合运用两种或两种以上的基本实验方法完成同一个实验,培养学生运用不同的思维方式和不同的实验原理综合分析问题、解决问题,掌握不同的实验方法,这样的实验即为综合性实验。在同一个实验中综合运用两种或两种以上的实验方法体现实验方法的多元性。实验方法的多元性是综合性实验的基本特征。

(3) 实验手段的多样性。综合运用两种或两种以上的实验手段完成同一个实验,培养学生从不同的角度,通过不同的手段分析问题、解决问题,掌握不同的实验技能,这样的实验也是综合性实验。在同一个实验中综合运用两种或两种以上的实验手段体现实验手段的多样性。实验手段的多样性也是综合性实验的基本特征。

(4) 人才培养的综合性。实验内容、方法和手段的综合只是综合性实验的过程与手段,不是实验的目的,综合性实验的目的在于通过实验内容、方法与手段的综合,掌握综合的知识,培养学生综合考虑问题的思维方式,运用综合的方法及手段分析问题、解决问题,达到能力、素质的综合培养,这样就体现了人才培养的综合性。

1.2　本书的应用对象和特色

拥有自身特色的应用型大学,需要培养具有较高实践能力与创新能力的新时代应用型人才,而教材建设是构建应用型人才基地的前提和基础。本书能够充分体现无机非金属材料工程专业及功能材料专业的特色和办学理念,因实用性较强还可为应用型本科院校实现人才培养目标提供强有力支撑。

相比于同类教材,本书尽量缩短书中所学知识与社会实际需求间的距离,通过从大量生产过程中提炼出的工艺进行实验方案的编写,以适应社会对应用型人才的需求。针对部分同类书中的实验体系和技术知识过于陈旧、版本过低的问题,本书从大量最新的科技文献中提炼出本学科的前沿技术,将其改写成本书中的部分实验内容,以适应学生对新知识的探求。另外,本书较系统地反映了本学科的基本理论、基础知识和基本技能,详略得当、主次分明,既包含了传统无机非金属材料(陶瓷、玻璃、耐火材料等)的基础与综合实验,又反映了无机非金属材料综合实验发展的最新成果,符合教学规律并遵循循序渐进的原则,适合学生和专业技术人员学习与参考。本书具有非常全面的知识内容,且突出新能源及半导体光电催化材料的专业特色,包含太阳能电池、锂离子电池、液流电池、能源环境光电催化及太阳燃料等方面的实验内容,体现了无机非金属材料专业、功能材料专业和新能源与生态环境材料方向的专业特色。

第2章 材料科学基础实验

2.1 偏光显微镜的构造和调试

一、实验目的

(1) 了解偏光显微镜的构造,并掌握一些基本的调试方法。

(2) 掌握偏光显微镜的使用方法。

二、实验内容

1. 偏光显微镜的构造

偏光显微镜的主要构成部分有机械系统、光学系统和附件系统。

(1) 机械系统。

镜座:承担偏光显微镜的全部质量并支撑镜体。

镜臂:其上部有镜筒,下部连有载物台和照明系统。镜臂与镜座之间靠铰链相连,可以活动及倾斜,但不易倾斜过大,以免显微镜翻倒。

锁光圈:位于下偏光镜之上,可以开合,以调节视域的亮度。

载物台:是一个台中央有圆孔(用于通过光线的光路),可以转动的圆盘,边缘有刻度,并装有游标尺,可读出转动的角度。

镜筒:附着在镜臂上,通过粗调螺丝和微调螺丝,可调节显微镜的焦距。微动螺丝上有刻度,每转动一小格,可使镜筒上下移动 0.012 mm,镜筒上有试板孔、上偏光镜、勃氏镜、物镜及目镜。

(2) 光学系统。

反光镜:是双面镜,一面是平的,一面是凹的,凹面可捕获较多的光线。

下偏光镜:也称起偏镜,可以转动,以调节与上偏光镜的振动方向。来自反光镜的自然光经下偏光镜后,变为平面偏光。

聚光镜:也称拉索透镜,可把来自下偏光镜的平面偏光聚为锥形偏光,在单偏光镜下观察时,可增大视域的亮度。

物镜:偏光显微镜至少要有 3 个物镜,多时可达 7 个。物镜的价值占整个显微镜价值的 1/4 ~ 1/2。物镜的放大倍数,取决于光学镜筒长度和接物镜的焦距。

光学镜筒长度 = 接物镜的后焦平面到接目镜的前焦平面的长度。这个长度很难测量,常用机械筒长来代替:

机械筒长 = 目镜上端到物镜的长度

物镜的放大倍数 = 机械筒长 / 物镜的焦距

国产偏光显微镜的机械筒长一般为 160 mm。

显微镜的分辨本领主要取决于物镜的分辨本领，而物镜的分辨本领取决于物镜的数值孔径（计量光孔）及所用光线的波长。

$$\alpha = 0.61\ \lambda/\mathrm{NA} = 0.61\ \lambda/n\sin\theta \tag{1.1.1}$$

式中 α—— 分辨力；

λ—— 所用光波波长；

NA—— 计量光孔（数值孔径），$\mathrm{NA} = n\sin\theta$；

n—— 物镜与观察物之间介质的折射率；

θ—— 光孔角，是指通过透镜最边缘光线与透镜焦点所组成的角度。

根据理论计算，α约为2 000 m。人眼能区分两点的最小距离为0.1 mm。人眼较易观察的两点为0.3 ~ 0.4 mm。若将2 000 m放大为0.3 ~ 0.4 mm，则显微镜的最大放大倍数为1 500 ~2 000倍。

在使用高倍物镜时，物镜前端和薄片之间的工作距离很近，所以对焦时，应先从侧面观察。调节粗动螺丝，使物镜降至最低位置（几乎和薄片碰上）。然后，在目镜中观察视域，向上慢调粗动螺丝，至视域内图像较清晰为止，再用微动螺丝准焦。

目镜：一般有两个，分别为5倍和10倍，使用10倍的目镜，视域大些，但较暗；使用5倍的目镜，视域较小，但视域亮一些。目镜中带有十字丝，一般情况下，应使目镜十字丝和操作者呈平行、垂直的方向（图2.1.1）。

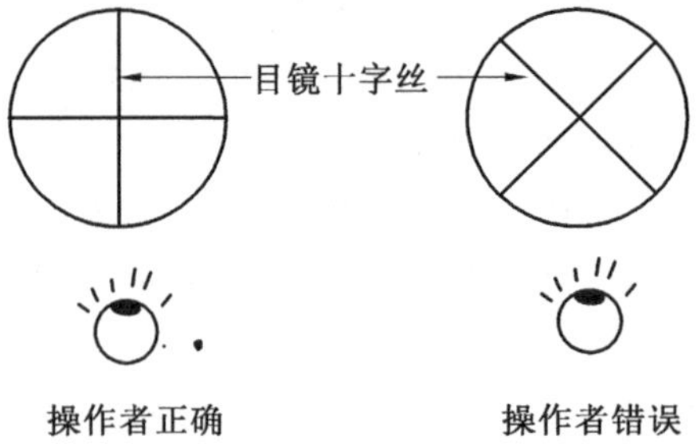

图 2.1.1 目镜十字丝与操作者之间的方位

上偏光镜：也称检偏镜，一般位于镜筒中，通常上偏光镜的振动方向用*A*—*A*表示。在观察时，一般应使上偏光镜的振动方向与下偏光镜垂直。

勃氏镜：为一放大镜，用于锥光镜下观察晶体的干涉图像，起放大作用。

偏光显微镜的放大倍数 = 目镜 × 物镜。

(3) 附件系统。

石英楔：主要用于测量光程差，补色，能产生1 ~ 3级的干涉色。

石膏试板：主要用于测定一级黄以下的矿物的光率体轴名。石膏试板可产生一级紫红干涉色。

云母试板：主要用于矿物光率体轴名的测定，它产生一级灰干涉色。

此外，还有物台微尺、目镜微尺、机械台，这些用于测定矿物的粒度和质量分数。

有的产品还包括二色试板、贝瑞克补色器、显微摄影仪、费氏台、高温物镜、高温载物台等。

2. 偏光显微镜的保养

偏光显微镜是一种比较精密的光学仪器,在使用中必须注意以下几点:

(1) 使用前须检查各部件的完好程度,使用后须登记。

(2) 偏光显微镜要轻拿轻放。

(3) 镜头及附件必须放在镜头盒内,拿出镜头后,将镜头盒盖上。

(4) 操作时,不要用力过猛,以免损坏镜头或薄片。如出现故障,须报告老师,不得自己随意拆卸。

(5) 镜头及各光学玻璃部分,不得用手接触,如有灰尘,可用洗耳球洗后,再用擦镜头纸轻轻擦净。

(6) 应尽量避免阳光直接照射到显微镜上,因为阳光直射会引起部分光学零件老化;当视域中存在阳光直接的反光时,视域太亮,会对视力造成疲劳及损伤。

3. 偏光显微镜的使用

(1) 对光。

① 装上低倍物镜或中倍物镜(不用高倍物镜),安上目镜。

② 打开锁光圈,拉出上偏光镜、勃氏镜和聚光镜。

③ 轻轻转动反光镜,直至视域最亮。

(2) 准焦。

① 将矿物薄片用弹簧夹夹在载物台上,让有盖玻璃的一面向上。

② 从侧面观察镜头,转动粗动螺丝,使镜头筒下降至最低位置(几乎和薄片贴近)。绝对不允许一面看目镜,一面转动螺丝下降镜筒来准焦。这样极易使物镜和薄片相撞,会撞碎薄片或碰坏镜头。

③ 从目镜中观察,上调粗动螺丝,至视域中出现图像,并尽可能用粗动螺丝将图像调清楚。

④ 换用微调螺丝将图像调清。

(3) 校正中心。

偏光显微镜在工作时,物镜中轴、物台旋转轴必须在一条直线上。每次装卸镜头,都会使以上两轴不在一条直线上,因此,需要校正。

① 检查物镜是否装在正确位置上,若位置安装不对,则无法校正中心。

② 在视域中任选一点,移动薄片,使该点位于十字丝中心。

③ 物台转动180°,该点在视域内做圆周运动,用调节螺丝将该点向视域中心调节。调节的长度等于视域中心转至180°后与该点连线的一半。

④ 移动薄片,使该点位于十字丝中心,转动物台,看该点的移动情况。若该点在十字丝中心做旋转运动,则校正完毕。若该点仍围十字丝中心做圆周运动,则仍重复步骤③。

(4) 调节上下偏光镜正交。

① 轻轻推入上偏光镜。

② 移去载物台的矿物薄片。

③ 转动下偏光镜,直至视域最暗。此时,上下偏光镜的振动方向已经正交,固定下偏光镜。

(5) 检验下偏光镜的振动方向。

① 轻轻推出上偏光镜。

② 装入花岗岩矿物薄片。在视域中寻找具有解理缝的黑云母矿物。

③ 转动载物台,黑云母矿物的颜色要发生变化。黑云母颜色最深时,是黑云母矿物的解理缝的方向,PP 为下偏光镜的振动方向。

④ 记住下偏光镜的振动方向。

三、实验报告

将实验结果填入表 2.1.1 内。

表 2.1.1　偏光显微镜的构造和调试

偏光显微镜型号		
物镜数		
目镜数		
附件		
下偏光镜振动方向	与操作者水平	与操作者垂直

四、思考题

1. 均质体、非均质体和晶质体、非晶质体有何区别?
2. 何谓“双折射现象”,一轴晶、二轴晶的双折射现象有什么区别?
3. 叙述各晶系晶体的光性方位特点。

2.2　晶体在显微镜下的观察

一、实验目的

(1) 了解显微镜的构造,并掌握一些基本使用方法。

(2) 掌握晶体在显微镜下的性质。

二、实验原理

晶体和无定形体是聚合物聚集态的两种基本形式,很多聚合物都能结晶。结晶聚合物材料的实际使用性能(如光学透明性、冲击强度等)与材料内部的结晶形态、晶粒大小及完善程度有密切的联系。因此,对于聚合物结晶形态等的研究具有重要的理论和实际意义。聚合物在不同条件下形成不同的结晶,如单晶、球晶、纤维晶等,聚合物从熔融状态冷却时主要生成球晶,它是聚合物结晶时最常见的一种形式,对制品性能有很大影响。

球晶是以晶核为中心呈放射状增长构成球形而得名,是“三维结构”。但在极薄的试片中也可以近似看成是圆盘形的“二维结构”,球晶是多面体。由分子链构成晶胞,晶胞的堆积构成晶片,晶片迭合构成微纤束,微纤束沿半径方向增长构成球晶。晶片间存在结晶缺陷,微纤束之间存在无定形夹杂物。球晶的大小取决于聚合物的分子结构及结晶条件,因此随着聚合物种类和结晶条件的不同,球晶尺寸差别很大,直径可以从微米级到毫米级,甚至可以大到厘米级。球晶分散在无定形聚合物中,一般来说无定形是连续相,球晶的周边可以相交,成为不规则的多边形。球晶具有光学各向异性,对光线有折射作用,因此能够用偏光显微镜进行观察。聚合物球晶在偏光显微镜的正交偏振片之间呈现出特有的黑十字消光图像。有些聚合物生成球晶的过程中,晶片沿半径增长时可以进行螺旋性扭曲,因此还能在偏光显微镜下看到同心圆消光图像。

偏光显微镜的最佳分辨率为200 nm,有效放大倍数为500 ~ 1 000倍,与电子显微镜、X射线衍射法结合可提供较全面的晶体结构信息。

光是电磁波,也就是横波,它的传播方向与振动方向垂直。但对于自然光来说,它的振动方向均匀分布,没有任何方向占优势。但是自然光通过反射、折射或选择吸收后,可以转变为只在一个方向上振动的光波,即偏振光。一束自然光经过两片偏振片,如果两个偏振轴相互垂直,光线则无法通过。光波在各向异性介质中传播时,其传播速度随振动方向不同而变化,折射率值也随之改变,一般都发生双折射,分解成振动方向相互垂直、传播速度不同、折射率不同的两条偏振光。而这两束偏振光通过第二个偏振片时,只有与第二偏振轴平行方向的光线可以通过。通过的两束光由于光程差将会发生干涉现象。

在正交偏光显微镜下观察,非晶体聚合物因为其各向同性,没有发生双折射现象,光线被正交的偏振镜阻碍,视场黑暗。球晶会呈现出特有的黑十字消光现象,黑十字的两臂分别平行于两偏振轴的方向。而除了偏振片的振动方向外,其余部分就出现了因折射而产生的光亮。

在偏振光条件下,还可以观察晶体的形态,测定晶粒大小和研究晶体的多色性等。

三、实验器材

XP - 600E 偏光显微镜;7 种晶系晶体。

四、实验内容与步骤

1. 学习透射式显微镜和反射式显微镜的操作方式

(1) 打开电源开关,选择照明方式并使其处于工作状态。

(2) 调节视场和视度。

(3) 将晶体放置在载物台上。

(4) 调焦,低倍镜粗调,高倍镜细调。

(5) 采集并存储图像。

(6) 操作结束,关闭电源开关,清洁整理。

2. 晶体形态、颜色的观察

五、实验数据记录和整理

将实验结果填入表 2.2.1 内。

表 2.2.1 晶体外形的观察

晶系	晶体名称	晶体形状	晶体颜色
三斜			
单斜			
斜方			
三方			
四方			
六方			
立方			

六、思考题

1. 晶体分为哪些种类?
2. 晶体解理的完善程度分级有哪些?
3. 解释球晶在偏光显微镜中出现十字消光图像和同心圆消光图像的原因。

2.3 几种无机化合物晶体结构的组装

一、实验目的

(1) 认识常见的单质晶体(石墨、金刚石、C_{60})、AX 型晶体(NaCl 和 CsCl)、AX_2 型晶体(TiO_2) 和 ABO_3 型晶体($CaTiO_3$) 的结构。

(2) 任意组装 5 种无机化合物晶体的结构。

二、实验器材

XP - 600E 偏光显微镜;7 种晶系晶体。

三、实验内容与步骤

1. 单质晶体(碳) 的认知和组装

石墨、金刚石、C_{60} 都是碳的同素异形体,不同的晶体结构导致其不同的物理化学性质。图 2.3.1 为碳的结构示意图。

石墨是由碳原子构成,石墨晶体为层状结构,每层碳原子排列成六边形,层内一个个六边形(六元环) 排列成网状平面结构,键角为 120°,原子层和原子层之间由范德瓦耳斯键连接。石墨模型中碳原子 39 个(5 孔黑色球)、层内短键 45 根、层间长键 14 根。

金刚石是碳原子的另一种结晶体。其中碳原子都以共价键连接,每个碳原子周围都有 4 个按照正四面体分布的碳原子,键和键之间的夹角为 109°28′。金刚石模型中有碳原子 30 个(4 孔黑球),连接键 40 根。

C_{60} 是碳原子的又一种结晶体。C_{60} 是 60 个碳原子构成的分子。搭建模型时,先用灰色键搭成 12 个五边形,再用紫色键将五边形依次连接成球状。C_{60} 中有碳原子(3 孔黑球)60 个、灰色单键 60 根、紫色单键 30 根。

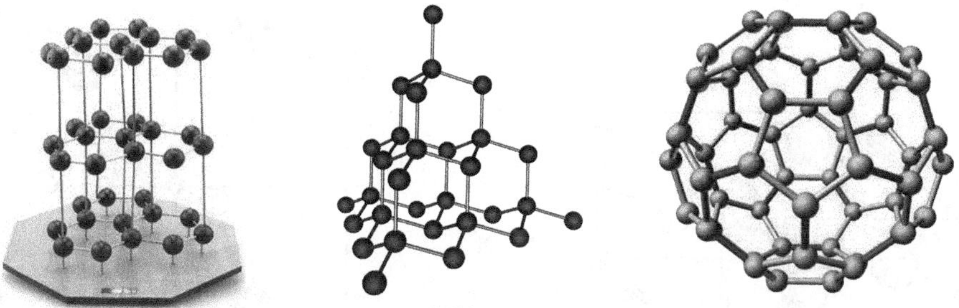

(a)石墨　(b)金刚石　(c)C_{60}

图 2.3.1　碳的结构示意图

2. AX 型晶体的认知和组装

AX 型晶体结构又细分为 NaCl 型、ZnS 型和 CsCl 型。NaCl 型(图 2.3.2) 和 CsCl 型(图 2.3.3) 晶体结构相对简单。

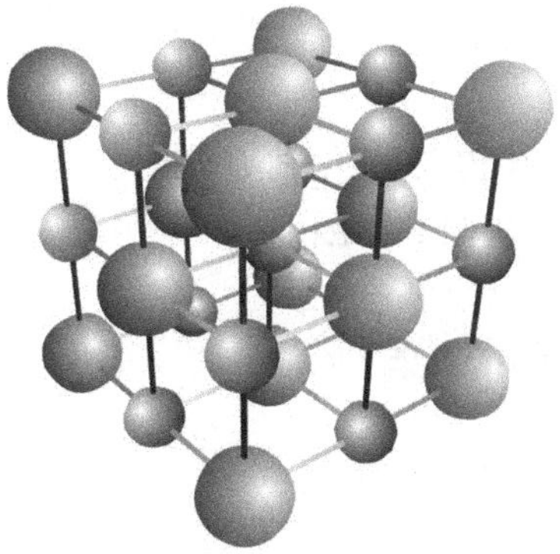

图 2.3.2　NaCl 晶体结构

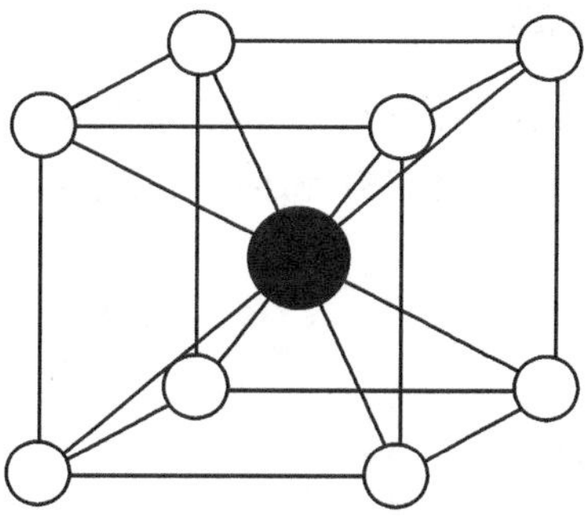

图 2.3.3　CsCl 晶体结构

NaCl 晶体属于面心立方结构,每个 Na^+ 周围有 6 个 Cl^-,每个 Cl^- 周围有 6 个 Na^+。NaCl 模型中有 13 个 Cl^- (6 孔绿球)、14 个 Na^+ (6 孔灰球) 和 54 根灰键。

CsCl 晶体属于简单立方结构,每个 CS^+ 周围有 6 个 Cl^-,每个 Cl^- 周围有 6 个 Cs^+。CsCl 模型中有 8 个 Cl^- (14 孔红球)、1 个 Cs^+ (14 孔绿球)、12 根长键和 8 根短键。

3. AX_2 型晶体的认知和组装

金红石型 TiO_2 属于典型的 AX_2 型晶体结构。

金红石型 TiO_2 属于变形的六方密堆结构。8 个 Ti^{2+} 在顶点,1 个 Ti^{2+} 在体心;在晶胞上下底面的面对角线方向各有 2 个 O^{2-},在晶胞半高的另一个面对角线方向也有 2 个 O^{2-}。TiO_2 模型有 9 个 Ti^{2+}(7 孔红球)、6 个 O^{2-}(2 孔白球)。为了支撑晶体半高方向的球,另加了 1 个白球(6 孔) 和 1 个绿球(6 孔)。金红石型 TiO_2 模型(图 2.3.4) 有 10 根长键、6 根中键和 8 根短键。

4. ABO_3 型晶体的认知和组装

钙钛矿型 $CaTiO_3$(图 2.3.5) 属于典型的 ABO_3 型晶体结构。

钙钛矿型 $CaTiO_3$ 属于面心立方结构,其中 Ca^{2+}(顶点) 和 O^{2-}(面心) 共同构成面心立方密堆结构。Ti^{4+} 占据体心位置。在 $CaTiO_3$ 模型中有 8 个 Ca^{2+}(8 孔红球)、6 个 O^{2-}(14 孔绿球) 和 1 个 Ti^{4+}(6 孔黑球);12 根长键、24 根中键、4 根细短键。

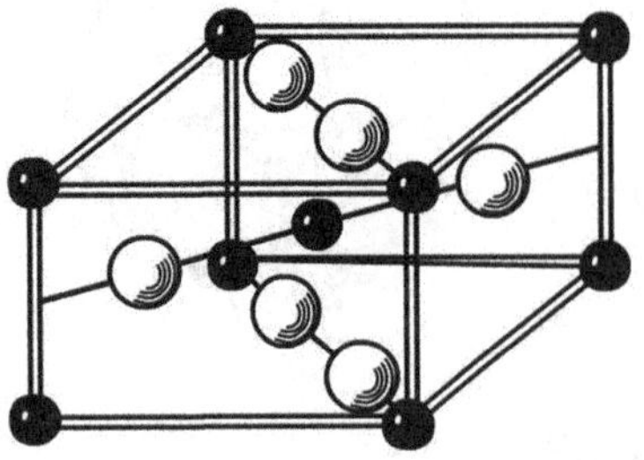

图 2.3.4　金红石型 TiO_2 的晶体结构示意图

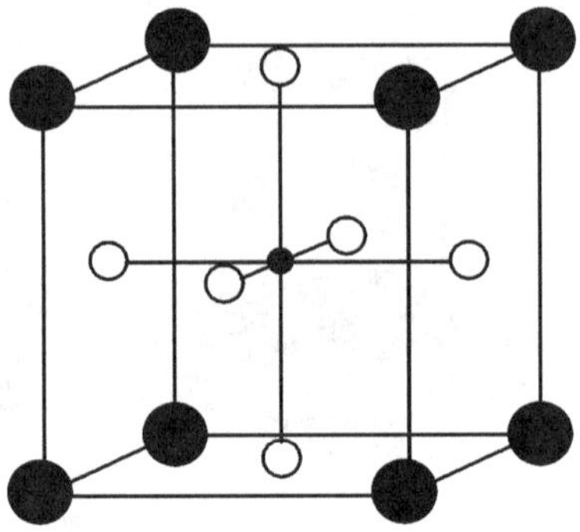

图 2.3.5　钙钛矿型 $CaTiO_3$ 的晶体结构示意图

四、实验数据记录和整理

将组装好的 5 组实验模型照片粘贴在报告中。

五、思考题

1. 根据石墨、金刚石、C_{60} 晶体结构的不同，分析其物理化学性质的差异。
2. 同样是 AX 型结构，试分析造成 NaCl 型和 CsCl 型的原因。

2.4　玻璃的析晶

一、实验目的

(1) 了解玻璃的析晶性能。
(2) 掌握测定玻璃的析晶温度范围及镜下观察析晶产物的方法。

二、实验原理

一般认为玻璃是过冷的液体，即玻璃熔体过冷后仍保持远程无序结构。以热力学观点分析，玻璃态物质的内能高于晶态物质，处于介稳状态，总有向晶态转变的趋势；以动力学观点分析，析晶过程必须克服一定的势垒。常温下玻璃的黏度很大，由玻璃态转变为晶态的速度很小。但是如果把玻璃加热到某一温度范围，并维持一定时间，即满足动力学上的转化条件，则玻璃中的质点也能做有序排列，产生结晶作用。

玻璃析晶对硅酸盐工业有重大意义，它的析晶能力与其化学成分、温度、保温时间都有关系。按照玻璃的组成不同，析出的晶体也不同，一般工业玻璃中析出的产物为失透石($Na_2O \cdot CaO \cdot 6SiO_2$)、方石英、磷石英等。

测定玻璃析晶的方法一般有强迫析晶法和淬冷法。本实验采取强迫析晶法。即将玻璃放在小瓷舟中，于梯温炉内加热，在一定温度下保温一定时间后取出急冷，镜下观察结晶程度和结晶温度范围。

三、实验仪器

卧式管式电炉；温度控制器；热电偶；瓷舟；偏光显微镜。

四、实验步骤

(1) 试样放置。先将瓷舟表面刷净,撒一层氧化铝(Al_2O_3) 粉,再将试样(3 ~ 4 块) 均匀地放在瓷舟内,然后把瓷舟轻轻推入炉中至一定位置。

(2) 接通电源,使梯温炉升温到中心温度 760 ℃,保温 0.5 h。

(3) 温度曲线的标定。在试样保温时,将梯温炉做一次测定,求得炉中沿长度分布的温度曲线,并确定整个瓷舟所在位置的温度范围。

(4) 关闭电源,取出样品在空气中冷却(或在炉中冷却至室温),然后在偏光显微镜下观察析晶情况。

五、注意事项

(1) 向炉中放瓷舟时,瓷舟头应朝向热电偶,但不能与热电偶接触。

(2) 梯温炉的温度标定结束后,从炉中取出的热电偶不能直接放在试验台上,等降温后再放到适当的位置。

(3) 从炉中取出的瓷舟应放到指定的地点,实验完毕将瓷舟交回。

2.5 固相反应速度的测定

一、实验目的

(1) 掌握固相反应的测定原理与方法。

(2) 测定 $BaCO_3$ 与 SiO_2 进行固相反应时的固相反应速度常数。

二、实验原理

固态物质中的质点(分子、原子或离子) 随着温度的升高,振动逐渐加强。当达到一定温度时,其中的某些质点便具有足够的能量,以致可以跳离原来的位置,与周围的其他质点发生“换位”。如果是一种固态物质,这标志着烧结的开始。如果是几种固态物质彼此之间相互接触,即表示固相反应的开始。通常发生“换位” 的温度远低于液相出现的温度,由此证明,固相之间确实能够进行反应。

固相反应的类型很多。不同的固相反应,可能有不同的反应机理。甚至同一固相反应的不同阶段,也可能由不同的反应机理所控制。影响固相反应速度的因素,主要有反应物种类、反应温度、反应时间,各反应物的比例、粒度,以及相互之间接触的紧密程度等。所有这些都反映出固相反应的复杂性和多样性。

一般的固相反应,往往由扩散速率控制。同时,反应产物层阻碍扩散的进行。随着反应产物层的增大,固相反应速度逐步减慢。

据此推导,可得出杨德尔扩散动力学的方程,即

$$J(G) = (1 - \sqrt[3]{1 - G})^2 = K_j t \tag{2.5.1}$$

式中 $J(G)$—— 杨德尔转化率函数;

G—— 转化率;

K_j—— 杨德尔扩散速度常数；

t—— 反应时间。

测定固相反应速度通常有两种方法：一种是失重法，利用热天平测定固相反应过程中的失重，计算出转化率，从而求得固相反应速度常数。此方法灵敏度较差，尤其当试样少、失重小时更难于测定。另一种是量气法，利用量气管测定固相反应过程中生成的气体体积，计算出转化率求得固相反应速度常数。本实验采用量气法。

三、仪器与装置

1. 仪器

高温炉；温度控制器；反应器一套；铂金坩埚；悬丝；三通考克；温度计；热电偶；水套管；量气管；水准瓶。

2. 装置图（见图2.5.1）

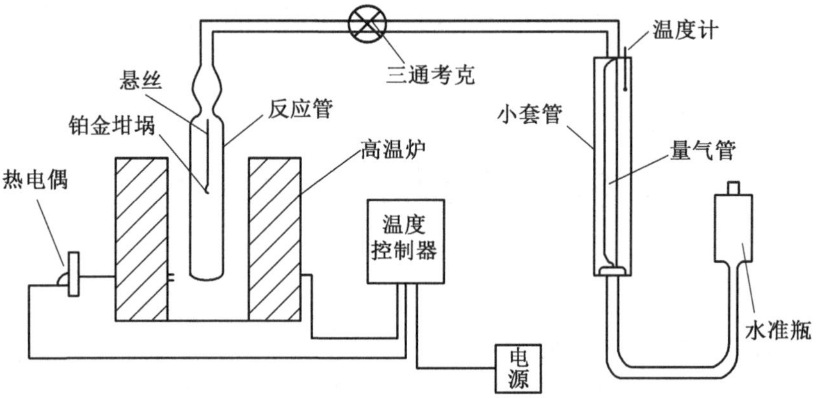

图 2.5.1　装置图

四、实验步骤

(1) 试样制备。将化学纯 $BaCO_3$ 与 SiO_2 的质量分数为 99% 的石英砂分别在玛瑙研钵中研细，过 4 900 孔筛(180 目)。为除去颗粒表面吸附的水和其他气体，并消除研磨时产生的应力，试样必须进行热处理。$BaCO_3$ 在 CO_2 气氛中加热至 400 ℃，保温 4 h。石英砂在空气中加热至800 ℃，保温 2 h。处理后的 $BaCO_3$ 与石英砂按物质的量比 1∶1，配好混匀，制成试样，放入干燥器内备用。

(2) 准确称取试样 0.4 ~ 0.5 g，放入铂金坩埚内，铂金坩埚用悬丝挂在钩上，并放入反应管中。

(3) 检查实验装置的密封情况，如不漏气，方可进行实验。

(4) 按装置图检查线路，没问题时，接通电源。

(5) 继续升温至 870 ℃，恒温 10 min，记下起始读数，做好准备。然后将悬丝脱开，使铂金坩埚落到反应管中，同时，立即按动秒表记录时间。

(6) 读取气体体积数据时，应将水准瓶与量气管中液面保持同一水平。开始每 20 s 记录一次量气管上的读数；1 min 后每 1 min 记录一次；10 min 后每 2 min 记录一次；20 min 后每 5 min 记录一次；1 h 后每 10 min 记录一次，至 80 min 停止读数记录，并关闭电源。

(7) 整个实验应严格控制温度,波动范围小于±5 ℃。

五、结果处理

(1) 根据实验时测得的大气压和水温,将气体体积折算为标准状况下的气体体积。根据标准气体体积算出 SiO_2 的转化率,根据 SiO_2 的转化率算出反应的 $J(G)$ 值。

(2) 以时间为横坐标,$J(G)$ 为纵坐标,作图。

(3) 根据曲线斜率,计算出给定温度下的固相反应速度常数 K_j。

六、记录表

实验记录表见表 2.5.1。

碳酸钡、石英砂粒度:过 4 900 目筛

$n_{BaCO_3} : n_{SiO_2} = 1 : 1$

试样中:$W_{试} =$

石英砂重:$W_{SiO_2} =$

反应温度:870 ℃

大气压:1 个标准大气压

水套管水温:$T =$

化学反应方程式:$BaCO_3 + SiO_2 = BaSiO_3 + CO_2$

$$G_{SiO_2} = \frac{V^0_{CO_2} \times \frac{M_{SiO_2}}{22.4}}{W_{SiO_2}} \tag{2.5.2}$$

表 2.5.1　实验记录表

反应时间 /min	气体体积 V_{CO_2}/L	标准气体体积 $V^0_{CO_2}$/L	G_{SiO_2}	$J(G)$	K_j

七、思考题

1. 整个装置为什么必须不漏气? 如果漏气,对结果有何影响?

2. 影响固相反应速度的因素有哪些? 为什么?

3. 固相反应设计性实验:提供碳酸钠、氧化锌、氧化铝、二氧化硅等原料,自行设计某一固相反应,然后进行固相反应速度的测定。

2.6 液体黏度测定实验

一、实验目的

(1) 用旋转法测量液体的黏度,并作出黏度与温度的关系曲线。

(2) 加深了解旋转黏度计的原理及使用方法。

二、实验原理

液体黏度分为动力黏度和运动黏度,动力黏度是指做相对运动的两液层间单位面积上的剪切应力 τ 与速度梯度的比值,即

$$\mu = \frac{\tau}{\mathrm{d}v/\mathrm{d}y} \tag{2.6.1}$$

式中 μ—— 液体的动力黏度,Pa · s;

τ—— 剪切应力,N/m;

$\mathrm{d}v/\mathrm{d}y$—— 相距为 $\mathrm{d}y$ 的两液层间的速度梯度,s^{-1}。

当式(2.6.1) 中各参数采用 CGS(cm - g - s) 制单位时,黏度的单位为泊,符号为 P。

常用的黏度单位为 mPa · s,各黏度单位间的转换如下:

1 mPa · s = 0.001 Pa · s, 1 P = 100 cP(厘泊), 1 cP = 1 mPa · s

运动黏度是指在相同的温度下流体的动力黏度与其密度的比值,单位为 m/s,在 CGS 制单位下为 cm/s。

三、实验仪器

旋转黏度计主要用于测试脱气液体在恒定温度和恒定剪切速度下的黏度,也可用于测试不同剪切速度下的黏度。

1. 仪器

所用实验仪器由旋转式黏度计和水浴组成。仪器的构造如图 2.6.1 所示。

旋转式黏度计由电机经变速带动转子做恒速转动。当转子在某种液体中旋转时,液体会产生作用在转子上的黏性力矩。液体的黏度越大,该黏性力矩越大;反之,液体的黏度越小,该黏性力矩也越小。该作用在转子上的黏性力矩由传感器检测出来,经仪器所带的微计算机处理后,可得出被测液体的黏度。

2. 仪器的操作和使用

(1) 准备被测液体,将被测液体置于直径不小于 70 mm,高度不低于 125 mm 的烧杯或直筒形容器中。

(2) 通过水浴准确控制被测液体的温度。

(3) 仔细调整仪器的水平,检查仪器的水准器气泡是否居中,保证仪器处于水平的工作状态。

(4) 估计被测液体的黏度范围,选择适宜的转子和转速。若估计不出液体的大致黏度,应视为较高黏度。选用由小到大的转子(转子号由大到小) 和由慢到快的转速。原则上高黏度

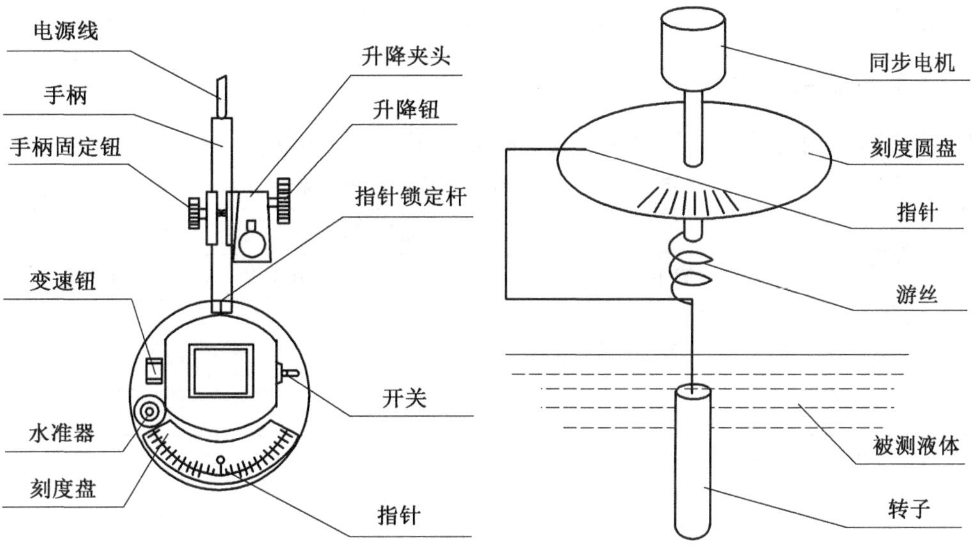

图 2.6.1　旋转黏度计结构图

的液体选用小转子(转子号大);低黏度的液体选用大转子(转子号小),快转速。为保证测量精度,测量时量程百分比读数应为 10% ~ 100%。如测量显示值闪烁,表示溢出或不足,应更换量程。将选配好的转子旋入连接螺杆(向左旋入装上,向右旋出卸下)。

(5) 缓慢调节升降旋钮,调整转子在被测液体中的高度,直至转子的液面标志和液面相平为止,随后调正仪器水平。开启电源开关,转动变速旋钮,使所需转速数向上,对准速度指示点,使转子在液体中旋转(一般为 20 ~ 30 s),待指针读数趋于稳定,按下指针控制杆(注意:不得用力过猛;转速慢时可不用控制杆,直接读数)使指针停在读数窗内,读取读数,再关闭电机。电机关停后若指针不处于读数窗内,可根据需要按住指针控制杆,反复开启和关闭电机,经几次练习,使指针停于读数窗口内,即可读数。

(6) 当指针所指的数值过高或过低时,可变换转子和转速,读数在 15 ~ 90 格之间为最佳。

(7) 测定时指针在刻度盘上指示的读数必须乘上系数表上的特定系数才为测得的黏度(mPa · s),即

$$\eta = K \cdot \alpha \tag{2.6.2}$$

式中　η—— 黏度;

K—— 系数;

α—— 指针读数。

系数表见机头。

四、实验过程

(1) 预热 10 min。

(2) 将转子接到黏度计上,按左旋方向上紧(注意保护转子)。

(3) 将温度调至实验所需的温度,待温度升到实验温度时,按确定键开始测量,记录第一个数值。

(4) 在 25 ~ 50 ℃ 范围内,每隔 5 ℃(保温 5 min) 测量 3 次并记录下实验数据。

五、结果分析与讨论

(1) 将实验中测得的温度与黏滞系数对应数据填入表 2.6.1。

表 2.6.1 温度与黏滞系数对应数据

温度/℃	黏滞系数			
	第 1 次	第 2 次	第 3 次	平均值
25				
30				
35				
40				
45				
50				

(2) 将所测数据绘制成图并进行分析。

六、思考题

1. 液体的黏度与温度的关系如何?
2. 黏度计为何要竖直放置?

2.7 土壤阳离子交换量的测定

土壤是环境中污染物迁移、转化的重要场所,土壤胶体以其巨大的比表面积和带电性,使土壤具有吸附性。土壤交换性能对于研究污染物的环境行为有重大意义,它能调节土壤溶液的浓度,保证土壤溶液成分的多样性,因而保持了土壤溶液的“生理平衡”,同时还可以保持各种养分使其不被雨水冲失。阳离子交换量的大小,可作为评价土壤保肥能力的指标,是改良土壤和合理施肥的重要依据。

一、实验目的

(1) 深刻理解土壤阳离子交换量的内涵及其环境化学意义。
(2) 掌握土壤阳离子交换量的测定原理和方法。

二、实验原理

本实验采用快速法来测定阳离子交换量。土壤中存在的各种阳离子可被某些中性盐($BaCl_2$) 水溶液中的阳离子(Ba^{2+}) 等价交换。由于在反应中存在交换平衡,交换反应实际上不能进行完全。增大溶液中交换剂的浓度、增大交换次数,可使交换反应趋于完全。交换离子的本性、土壤的物理状态等对交换反应的进行程度也有影响。

用强电解质(硫酸溶液) 把交换到土壤中的 Ba^{2+} 交换下来,由于生成了硫酸钡沉淀(图 2.7.1),而且 H^+ 的交换吸附能力很强,交换反应基本趋于完全。通过测定交换反应前后硫酸含量的变化，可以计算出消耗硫酸的量，进而计算出阳离子交换量。用不同方法测得的阳离子交换量的数值差异较大，在报告及结果应用时应注明方法。

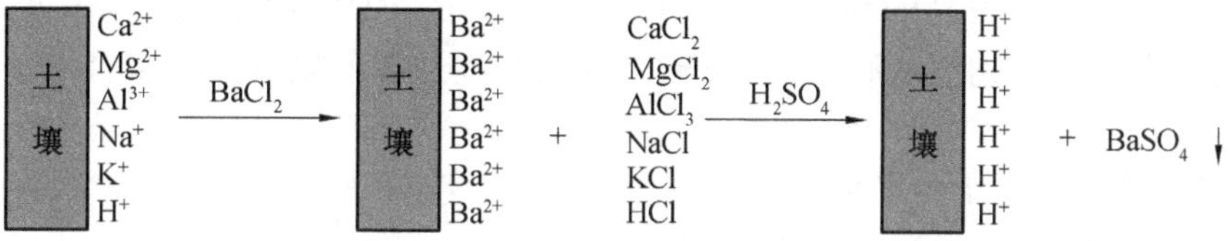

图 2.7.1 阳离子交换示意图

三、实验试剂及仪器设备

1. 仪器设备

离心机；离心管；锥形瓶（100 mL）；容量瓶（500 mL、1 000 mL）；量筒（50 mL）；移液管（10 mL、25 mL）；碱式滴定管（25 mL）。

2. 试剂

（1）氯化钡溶液。称取60 g氯化钡（$BaCl_2 \cdot 2H_2O$）溶于水中，转移至500 mL容量瓶中，用水定容。

（2）0.1% 酚酞指示剂（质量分数）。称取0.1 g酚酞溶于100 mL乙醇中。

（3）硫酸溶液（0.1 mol/L）。移取5.36 mL浓硫酸至1 000 mL容量瓶中，用水稀释至刻度。

（4）标准氢氧化钠溶液（≈0.1 mol/L）。称取2 g氢氧化钠溶解于500 mL煮沸后冷却的蒸馏水中，其浓度需要标定。

标定方法：各称取两份0.500 0 g邻苯二甲酸氢钾（预先在烘箱中105 ℃烘干）于250 mL锥形瓶中，加100 mL煮沸后冷却的蒸馏水溶解，再加4滴酚酞指示剂，用配制好的标准氢氧化钠溶液滴定至淡红色。再用煮沸后冷却的蒸馏水做一个空白实验，并从滴定邻苯二甲酸氢钾的氢氧化钠溶液的体积中扣除空白值。计算公式为

$$N_{NaOH} = \frac{W \times 1\,000}{(V_1 - V_0) \times 204.23} \tag{2.7.1}$$

式中 W——邻苯二甲酸氢钾的质量，g；

V_1——滴定邻苯二甲酸氢钾消耗的氢氧化钠溶液体积，mL；

V_0——滴定蒸馏水空白消耗的氢氧化钠溶液体积，mL；

204.23——邻苯二甲酸氢钾的摩尔质量，g/moL。

四、实验过程

取1支50 mL离心管，称出其质量（准确至0.005 g，下同），加入1 g左右的风干土壤样品（风干后磨碎过200目筛），并标记。向管中加入20 mL氯化钡溶液，用玻璃棒搅拌4 min后，以3 000 r/min转速离心5 min至下层土样紧实为止。弃去上清液，再加20 mL氯化钡溶液，重复上述操作，最后弃去上清液。

离心管内加20 mL蒸馏水，用玻璃棒搅拌1 min后，离心沉降（3 000 r/min，5 min），弃去上清液。称出离心管连同土样的质量。移取25.00 mL浓度为0.1 mol/L的硫酸溶液至各离心管

中，搅拌 5 min 后，放置 5 min，离心沉降（3 000 r/min，5 min），将上清液倒入洗净烘干的试管中。再从试管中移取 10.00 mL 上清液至 100 mL 锥形瓶中。同时，移取 10.00 mL 浓度为 0.1 mol/L 的硫酸溶液至另外的锥形瓶中。在这 2 只锥形瓶中分别加入 10 mL 蒸馏水、1 滴酚酞指示剂，用标准氢氧化钠溶液滴定，溶液转为红色并数分钟不褪色为终点。

五、数据处理

土壤阳离子交换量（CEC）为

$$\mathrm{CEC} = \frac{[A \times 25 - B \times (25 + G - W - W_0)] \times N}{W_0 \times 10} \times 100 \tag{2.7.2}$$

式中 CEC—— 土壤阳离子交换量，moL/kg；

A—— 滴定 0.1 mol/L 硫酸溶液消耗标准氢氧化钠溶液体积，mL；

B—— 滴定离心沉降后的上清液消耗标准氢氧化钠溶液体积，mL；

G—— 离心管连同土样的质量，g；

W—— 空离心管的质量，g；

W_0—— 称取的土样质量，g；

N—— 标准氢氧化钠溶液的浓度，mol/L。

六、注意事项

（1）实验所用的玻璃器皿应洁净干燥，以免造成实验误差。

（2）离心时注意，处在对应位置上的离心管应质量接近，避免质量不平衡的情况出现。

七、思考题

1. 解释说明两种土壤阳离子交换容量的差异。

2. 除了实验中所用的方法外，还有哪些方法可以用来测定土壤阳离子交换容量？各有什么优缺点？

3. 试述土壤的离子交换和吸附作用对污染物迁移转化的影响。

2.8 相平衡实验

一、实验目的

（1）通过 PbO80% $-$ $SiO_2$20%（摩尔分数）物系相平衡的实验，了解在不同温度下，物系所处的状态。

（2）对二元、三元等其他物系相平衡进行研究。

二、实验原理

淬冷法是研究相平衡的重要方法之一。如果研究对象是硅酸盐物系，可用不同组分的比例互相配合。混合均匀后置入立式电炉中，并在一定温度下保持一定时间，使试样各组分充分发生反应（保温 2 h 以上）达到平衡状态。然后将试样迅速投入水浴（汞浴、油浴）中急冷。这样试样保持了高温状态,所得物可供研究此物系在该条件下的形态。

三、实验原料及仪器

SiO_2 粉体、PbO 粉体;高温电炉;坩埚、研钵、载玻片;光学显微镜、电子天平。

四、实验过程

本实验采用 PbO - SiO_2 系统,$x_{PbO} : x_{SiO_2} = 1$。

具体步骤如下:

(1) 先做好准备。把原料组分 PbO 和 SiO_2 按比例配好(4 g PbO;1 g SiO_2;用天平称取)。

(2) 研磨、混合均匀。

(3) 放入坩埚,置入电炉内熔融(800 ℃)。

(4) 取出后急冷、磨细。

(5) 将步骤(3)、步骤(4) 重复 3 次。

(6) 取少许试样磨过的细粉试样。

(7) 放在电炉内。

(8) 打开电源,升高温度(分别在 600 ℃ 和 800 ℃ 保温 2 h)。

(9) 快速投入冷水中淬冷。

(10) 把淬冷试样磨制在载玻片上,放在偏光显微镜下观察是否是晶体。

把所得结果记录下来,就可判断在温度 600 ℃ 时得到的是晶体,而在 800 ℃ 时得到的是玻璃体。

五、结果分析与讨论

分析得到的结果,推断不同温度下的状态。

六、思考题

1. 如何保证系统达到平衡状态?

2. 利用淬冷法研究相平衡,每次只能测定一个温度下的平衡态,若要确定系统的液相线温度需要反复进行多次实验,那么对所用的试样应有怎样的要求? 如何达到这种要求?

2.9　相变实验

一、实验目的

(1) 通过成核 — 生长相变实验,了解在一定温度下,熔体内部从一相的原始状态产生斯宾那多分解和成核 — 生长相变的过程。

(2) 从本实验的相变过程,掌握其相变的本质。

二、实验原理

相变本质指某单一均匀相在温度、压力等条件改变时,该相系统自由焓发生变化,其结构也发生变化，从而产生新相，则相自由焓及相结构改变的过程称为相变。

成核—生长相变是高温熔体内的原子、分子的热运动（布朗运动），使原子、分子及其分子团相互撞击，不断聚集、分解，在一定的玻璃转变温度下聚集的原子群超过某一临界尺寸后稳定存在而不再分解。具有临界尺寸的原子集团为形成新相的核坯，此过程为成核。在合适的温度下该核坯超过临界尺寸后进一步长大形成有相当大小的晶体，该生长过程为成核—生长相变。

三、实验原料及仪器

SiO_2 粉体、B_2O_3 粉体、Na_2O_2 粉体；高温电炉（1 300 ℃ 以上）；高铝坩埚、研钵；光学显微镜、电子天平。

四、实验过程

（1）将 SiO_2 粉体、B_2O_3 粉体、Na_2O_2 粉体，分别按75%、20%、5%（3 g、0.8 g、0.2 g）的质量分数称量。

（2）在研钵内混合均匀后，放入高铝坩埚内。

（3）在高温电炉内 1 300 ℃ 下，熔化后倒出形成玻璃。

（4）将制备好的玻璃片放入电炉，600 ℃ 下保温 1 h。

（5）冷却后取出玻璃片，放入盐酸内浸泡 30 min。

（6）将玻璃片取出洗净后，在光学显微镜下观察。

五、结果分析与讨论

（1）运用所学的理论对观察的实验结果进行分析、讨论，总结出影响析晶的因素。

（2）写出实验报告（实验结果、原因分析和升温曲线）。

六、思考题

1. 影响析晶的因素有哪些？

2. 相变的本质是什么？

第 3 章　热工基础实验

3.1　煤的工业分析

一、实验目的

（1）掌握煤的工业分析方法，即煤的水分、灰分、挥发分和固定碳的测定方法。

（2）判断分析煤样的种类。

（3）根据经验公式计算煤的低位发热值。

二、实验原理

作为固体燃料的煤是由极其复杂的有机化合物组成的。煤的成分分析有元素分析和工业分析两种方法，其中煤的工业分析方法是我国工矿企业中经常采用的一种简易的分析方法，即通过对实验中风干煤样（空气干燥基）中所含水分、灰分、挥发分和固定碳的测定，得到煤的工业分析组成，即

$$W_{ad} + A_{ad} + V_{ad} + F_{cad} = 100\% \tag{3.1.1}$$

式中　W_{ad}——空气干燥基煤样中水分的质量分数，%；

A_{ad}——空气干燥基煤样中灰分的质量分数，%；

V_{ad}——空气干燥基煤样中挥发分的质量分数，%；

F_{cad}——空气干燥基煤样中固定碳的质量分数，%。

实验原理为热解质量法，即根据煤样中各组分的不同物理化学性质，控制不同的温度和时间，使该种组成热分解或燃烧，以样品失去的质量占原试样的质量分数得出该成分的质量分数。

1. 水分

采用常规测定法测定煤样中的水分。空气干燥基的水分为内在水分，即吸附于煤粒毛细之间的水分，较难蒸发，因此需置于105 ~ 110 ℃ 的鼓风干燥箱中进行干燥，时间1 h。取出称量后，若水分的质量分数小于2% 则不进行检查性干燥，否则需进行检查性干燥步骤，将样品重新放入干燥箱中烘干，每次 30 min，再称量直至恒重（即质量减小小于0.001 g或增重）为止。以增量前的一次称量结果来计算水分。

2. 灰分

煤的灰分是指煤中所有可燃物质完全燃烧，水分完全蒸发以及煤中矿物质在一定温度下产生一系列分解、化合等复杂反应后所剩下的残渣，是煤中不能燃烧的矿物质杂质。因此，在实验中应使煤样完全燃烧。将煤样置于815 ℃ 的马弗炉中灼烧40 min，取出称量，若灰分质量分数小于15% 则不进行检查性灼烧，否则需进行检查性灼烧步骤，将样品重新放入马弗炉中灼烧，每次20 min，再称量直至恒重（即质量减小小于0.001 g或增重）为止。以增量前的一次

称量结果来计算灰分。

3. 挥发分

煤的挥发分是煤炭分类的重要指标之一，根据挥发分的质量分数及焦渣特性可以初步判断煤的工业利用性质。煤的挥发分是在特定条件下受热分解的产物，剩下的不挥发物称为焦渣。将煤样置于 900 ℃ 马弗炉中，隔绝空气加热 7 min。冷却后称量，计算出挥发含量。

三、实验仪器设备

马弗炉；坩埚；分析天平；玻璃干燥器；鼓风干燥箱；称量瓶（带盖）等。

四、实验步骤

1. 煤样制备

要求煤粉的粒度 ≤ 0.2 mm，在空气中风干。将马弗炉、鼓风干燥箱升到实验要求温度。

2. 水分测定

(1) 在分析天平上称出称量瓶（带盖）空重，然后加 1 g 煤样（± 0.1 g）。

(2) 将称量瓶送入温度为 105 ~ 110 ℃ 的鼓风干燥箱中，打开瓶盖，干燥 1 h。

(3) 取出称量瓶，立即盖上瓶盖，冷却片刻后放入玻璃干燥器中，继续冷却至室温，称量。

(4) 计算水分的质量分数

$$W_{ad} = \frac{失重}{样品重} \times 100\% \tag{3.1.2}$$

3. 灰分测定

(1) 在分析天平上称出矩形坩埚空重，然后加入 1 g 煤样（± 0.1 g）。

(2) 将坩埚放入（815 ± 10）℃ 的马弗炉中灼烧 40 min。直至煤样完全烧透，灰中无黑色碳粒为止。

(3) 取出坩埚放在石棉板上，在空气中冷却 5 min 后放入玻璃干燥器中冷却至室温，称量。

(4) 计算灰分的质量分数

$$A_{ad} = \frac{灰重}{样品重} \times 100\% \tag{3.1.3}$$

4. 挥发分测定

(1) 在分析天平上称量带盖坩埚质量，然后加 1 g 煤样（± 0.1 g）。

(2) 坩埚加盖放入 900 ℃ 的马弗炉中加热 7 min。

(3) 取出坩埚放在石棉板上，在空气中冷却 5 min 后放入玻璃干燥器中冷却至室温，称重。打开坩埚盖，将剩余的焦渣倒在纸上观察焦渣特性，判断该焦渣特性属于第几类。

(4) 计算挥发分的质量分数

$$V_{ad} = \frac{灰重}{样品重} \times 100\% - W_{ad} \tag{3.1.4}$$

5. 固定碳的计算

$$F_{cad} = 100\% - (W_{ad} + V_{ad} + A_{ad}) \tag{3.1.5}$$

五、实验结果处理

1. 数据记录

数据记录见表3.1.1。

表3.1.1 数据记录表

测定成分	容器名称	容器空重/g	加样总重/g	样总重/g	热处理后总重/g	计算结果/g
水分						
灰分						
挥发分						
固定碳						

2. 判断煤的种类

我国煤的分类以干燥无灰基挥发分的质量分数 V_{daf} 为依据，不同种类煤的挥发分质量分数见表3.1.2。

表3.1.2 不同种类煤的挥发分质量分数

煤的种类	褐煤	烟煤	无烟煤
V_{daf}/%	> 37	10 ~ 46	< 10

因此，需将空气干燥基挥发分 V_{ad} 换算为干燥无灰基挥发分 V_{daf}，换算公式为

$$V_{daf} = V_{ad} \times 100/(100 - W_{ad} - A_{ad}) \tag{3.1.6}$$

六、思考题

1. 煤的工业分析方法的关键是什么？
2. 元素分析的碳的质量分数与工业分析的固定碳的质量分数的区别是什么？

3.2 伯努利方程实验

一、实验目的

(1) 掌握流速、流量、压强等动力学水力要素的实验测量技术。

(2) 验证流体定常流的能量方程。

(3) 通过对动水力学诸多水力现象的实验结果分析研究，进一步掌握有压管中动水力学的能量转换特性。

二、实验原理

在实验管路中沿水流方向取 n 个过水截面。可以列出进口截面1至截面 i 的能量方程式 $(i = 2,3,\cdots,n)$，即

$$Z_1 + \frac{p_1}{\rho g} + \frac{v_1^2}{2g} = Z_i + \frac{p_i}{\rho g} + \frac{v_i^2}{2g} + h_{w_{1-i}} \tag{3.2.1}$$

式中　v_1、v_i—— 截面 1 的平均流速和截面 i 的平均流速。

选好基准面，从已设置的各截面的测压管中读出 $Z+\dfrac{p}{\rho g}$ 值，测出通过管路的流量，即可计算出截面平均流速 v 及动压 $\dfrac{v^2}{2g}$，从而可得到各截面测管水头和总水头。

三、实验设备

本实验的装置如图 3.2.1 所示。

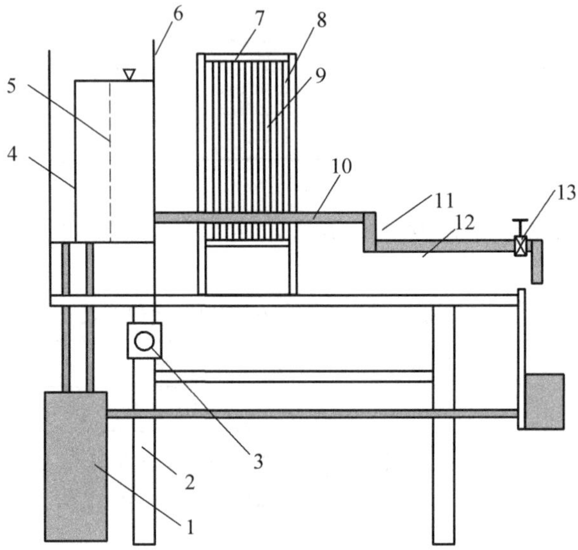

图 3.2.1　自循环伯努利方程实验装置图

1— 自循环供水器；2— 试验台；3— 可控硅无级调速器；4— 溢流板；5— 稳水孔板；6— 恒压水箱；7— 测压计；8— 滑动测量尺；9— 测压管；10— 实验管道；11— 测压点；12— 毕托管；13— 实验流量调节阀

四、实验步骤

(1) 熟悉实验设备，分清各测压管与各测压点、毕托管测点的对应关系。

(2) 打开开关供水，使水箱充水，待恒压水箱溢流后，检查泄水阀关闭时所有测压管水面是否齐平，若不平则进行排气调平（开关几次）。

(3) 打开实验流量调节阀，观察测压管水头线和总水头线的变化趋势及位置水头、压强水头之间的相互关系，观察当流量增大或减小时测压管水头的变化情况。

(4) 调节实验流量调节阀开度，待流量稳定后，测记各测压管液面读数，同时测记实验流量（与毕托管相连通的是演示用，不必测记读数）。

(5) 再调节实验流量调节阀开度 1 ~ 2 次，以一次阀门开度大到使液面降到标尺最低点为限，按步骤(4) 重复测量。

五、实验结果及要求

(1) 把有关常数记入表 3.2.1。

表3.2.1 有关常数记录表 水箱液面高程∇_0 ____ cm,上管道轴线高程∇_z ________ cm

测点编号	1	4	5	6	7	8	9	11	12	13	14
管径/cm											

(2) 测量$Z+\frac{p}{\rho g}$并记入表3.2.2。

表3.2.2 测记$z+\frac{p}{\rho g}$数值表(基准面选在标尺的零点)

测点编号		2	3	4	5	7	9	11	12	13	t/s	Q /($cm^3 \cdot s^{-1}$)
实验次数	1	35.80	35.75	34.60	33.40	3.50	18.10	11.85	27.10	14.80	8.07	1 680
	2	41.80	41.75	41.20	40.70	26.45	33.30	30.25	37.40	31.50	10.17	1 435
	3	47.00	47.05	46.95	47.00	46.05	46.35	46.20	46.60	46.20	36.50	1 435

(3) 计算流速水头和总水头(表3.2.3、表3.2.4)。

表3.2.3 流速水头计算数值表

管径d /cm	$Q=208.18\ cm^3/s$			$Q=141.10\ cm^3/s$			$Q=39.32\ cm^3/s$		
	A/cm^2	v /($cm \cdot s^{-1}$)	$\frac{v^2}{2q}$ /cm	A/cm^2	v /($cm \cdot s^{-1}$)	$\frac{v^2}{2q}$ /cm	A/cm^2	v /($cm \cdot s^{-1}$)	$\frac{v^2}{2q}$ /cm
1.37	1.47	141.62	10.23	1.47	95.99	4.70	1.47	26.75	0.37
1.03	0.83	250.82	32.10	0.83	170.00	14.74	0.83	47.37	1.14
2.00	3.14	66.30	2.24	3.14	44.94	1.03	3.14	12.52	0.08

表3.2.4 总水头($Z+p/\rho g+v^2/2g$)计算数值表

测点编号		2	3	4	5	7	9	11	12	Q /($cm^3 \cdot s^{-1}$)
实验次数	1	46.03	45.98	44.83	43.63	35.60	28.33	22.08	37.33	208.18
	2	46.50	46.35	45.90	45.40	41.19	38.00	34.95	42.10	141.10
	3	47.37	47.42	47.32	47.37	47.19	46.72	46.57	46.97	39.32

(4) 绘制上述结果中最大流量下的总水头线和测压管水头线。

六、结果分析与讨论

(1) 测压管水头线和总水头线的变化趋势有何不同? 为什么?

(2) 流量增大,测压管水头线有何变化? 为什么?

(3) 测点2、3和测点10、11的测压管读数分别说明了什么问题?

(4) 试问避免喉管(测点7)处形成真空有哪几种技术措施? 分析改变作用水头(如抬高或降低水箱的水位)对喉管压强的影响情况。

七、思考题

1. 分析本实验产生误差的原因及减小误差的可能途径。
2. 测压管水头线和总水头线的变化趋势有何不同？为什么？

3.3 换热器综合实验

一、实验目的

(1) 熟悉换热器性能的测试方法，了解影响换热器性能的因素。
(2) 掌握间壁式换热器传热系数的测定方法。
(3) 了解套管式换热器、板式换热器和列管式换热器的结构特点及其性能的差别。
(4) 熟悉流体流速、流量、压力、温度等参数的测量技术。

二、实验要求

(1) 以传热系数为纵坐标，冷(热)水流量为横坐标绘制换热器传热性能曲线。
(2) 对3种不同形式的换热器传热性能进行比较。
(3) 分析影响换热器性能的因素。
(4) 根据实验结果，计算冷热流体与管壁的表面传热对流换热热阻、管壁的导热热阻，比较在传热过程中各个热阻所占的比例。

三、实验原理

换热器为冷热流体进行热量交换的设备。本次实验所用的均是间壁式换热器，热量通过固体壁面由热流体传递给冷流体。实验原理如图3.3.1所示。

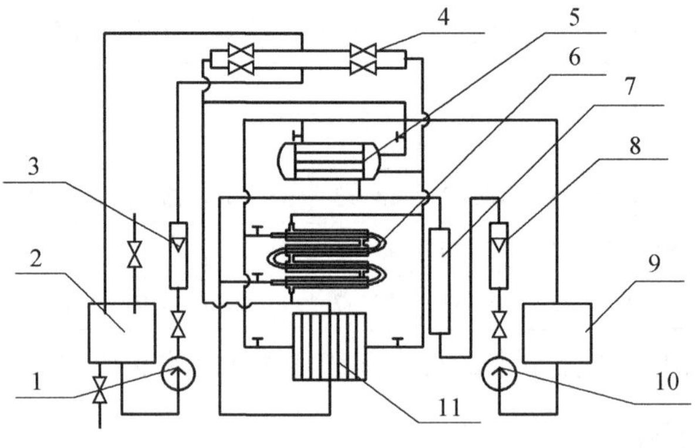

图 3.3.1　换热器综合试验台原理图

1—冷水泵；2—冷水箱；3—冷水浮子流量计；4—冷水顺逆流换向阀门组；5—列管式换热器；6—套管式换热器；7—电加热水箱；8—热水浮子流量计；9—回水箱；10—热水泵；11—板式换热器

通过测量冷热流体的流量及进出口温度，可以由式(3.3.1)～(3.3.3)计算换热器的换热量，由式(3.3.5)计算换热器的温差，因此可以计算出换热器的传热系数式(3.3.6)，换热器的传热系数综合反映了传热过程的难易程度,表示单位传热温差传热面积下传热过程所传递的热量。另外结合换热器的结构数据,由式(3.3.7)、式(3.3.8) 计算冷热流体与管壁的表面传热对流换热系数,进而比较 3 个环节的热阻相对大小。

热流体放热量为

$$\phi_1 = c_1 m_1 (t_1' - t_1'') \tag{3.3.1}$$

冷流体吸热量为

$$\phi_2 = c_2 m_2 (t_2'' - t_2') \tag{3.3.2}$$

平均换热量为

$$\phi = \frac{\phi_1 + \phi_2}{2} \tag{3.3.3}$$

热平衡误差为

$$\Delta = \frac{\phi_1 - \phi_2}{\phi} \times 100\% \tag{3.3.4}$$

换热器温差为

$$\Delta t_{\mathrm{m}} = \frac{\Delta t_{\max} - \Delta t_{\min}}{\ln \dfrac{\Delta t_{\max}}{\Delta t_{\min}}} \tag{3.3.5}$$

传热系数为

$$k = \frac{\phi}{A \Delta t_{\mathrm{m}}} \tag{3.3.6}$$

内部流动对流换热为

$$Nu = 0.023 Re^{0.8} Pr^{0.4} \tag{3.3.7}$$

外部流动对流换热为

$$Nu = C Re^{n} Pr^{m} \tag{3.3.8}$$

其中,C、n、m 值可以查对应教材。

四、实验所需仪器设备

本实验主要对应用较广的 3 种换热器进行实验:套管式换热器、板式换热器和列管式换热器。实验装置如图 3.3.2 所示。采用冷水可用阀门换向进行顺逆流实验。换热形式为热水 - 冷水换热式。

五、实验预习要求、实验条件、方法及步骤

1. 实验预习要求

(1) 温度计、压力表的读数与精度。

(2) 系统充水量与水泵运行的注意事项。

(3) 实验的数据预期与读取。

(4) 各种形式换热器的主要特征及优缺点。

(5) 传热过程各个热阻相对大小及影响因素。

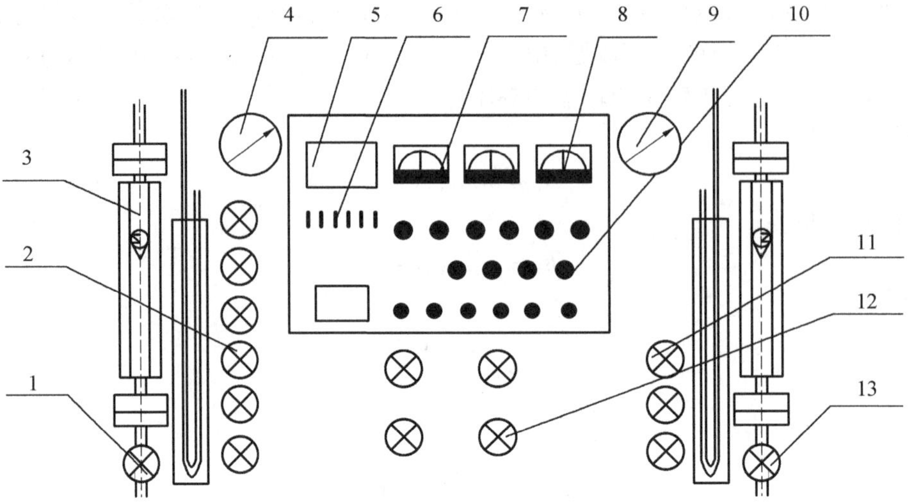

图 3.3.2　实验装置简图

1— 热水流量调节阀;2— 热水板式、套管、列管启闭阀门组;3— 冷水流量计;4— 换热器进口压力表;5— 数显温度计;6— 琴键转换开关;7— 电压表;8— 电流表;9— 冷水出口压力表;10— 开关组;11— 冷水板式、套管、列管启闭阀门组;12— 顺逆流转换阀门组;13— 冷水流量调节阀

2. 实验条件

(1) 熟悉实验装置及使用仪表的工作原理和性能。

(2) 打开所要实验的换热器阀门,关闭其他阀门。

(3) 按顺流(或逆流) 方式调整冷水换向阀门的开或关。

(4) 向冷 - 热水箱充水,禁止水泵无水运行(热水泵启动,加热才能供电)。

3. 实验方法与步骤

(1) 接通电源,启动热水泵(为了提高热水温升速度,可先不启动冷水泵),并调整好合适的流量。

(2) 调整温控仪,使其加热水温控制在 80 ℃ 以下的某一指定温度。

(3) 将加热器开关分别打开(热水泵开关与加热开关已进行连锁,热水泵启动,加热才能供电)。

(4) 利用数显温度计和温度测点选择琴键开关按钮,观测和检查换热器冷 - 热流体的进出口温度。待冷 - 热流体的温度基本稳定后,既可测出相应测温点的温度数值,又可以读出转子流量计冷 - 热流体的流量读数,把这些测试结果记录到实验数据记录表(表 3.3.1) 中。

(5) 如需改变流动方向(顺、逆流) 的实验,或需要绘制换热器传热性能曲线而要求改变工况(如需改变冷热水流速或流量) 进行实验,或需要重复进行实验时,都要重新安排实验,并记录下实验测试数据。

(6) 实验结束后,首先关闭电加热器开关,5 min 后切断全部电源。

表 3.3.1 实验数据记录表

换热器名称____________ **环境温度**_______℃

类型	热流体			冷流体		
	进口温度/℃	出口温度/℃	流量计数/h^{-1}	进口温度/℃	出口温度/℃	流量计数/h^{-1}
顺流						
逆流						

六、实验数据处理

1. 数据计算

热流体放热量为

$$Q_1 = m_1 c_{p1}(T_1 - T_2) \tag{3.3.9}$$

冷流体吸热量为

$$Q_2 = m_2 c_{p2}(t_2 - t_1) \tag{3.3.10}$$

平均换热量为

$$Q = \frac{Q_1 + Q_2}{2} \tag{3.3.11}$$

热平衡误差为

$$\Delta = \frac{Q_1 - Q_2}{Q} \times 100\% \tag{3.3.12}$$

对数平均温差为

$$\Delta t_{\mathrm{m}} = \frac{\Delta t_{\max} - \Delta t_{\min}}{\ln \dfrac{\Delta t_{\max}}{\Delta t_{\min}}} \tag{3.3.13}$$

传热系数为

$$k = \frac{Q}{A\Delta t_{\min}} \tag{3.3.14}$$

式中 m_1、m_2—— 热、冷流体的质量流量；

c_{p1}、c_{p2}—— 热、冷流体的比定压热容；

T_1、T_2—— 热流体的进、出口温度；

t_1、t_2—— 冷流体的进、出口温度；

A—— 换热面积；

$\Delta t_{\max}$、$\Delta t_{\min}$—— 进出口温度端差的最大值和最小值。

注：热、冷流体的质量流量 m_1、m_2 是根据修正后的流量计体积流量折算成的质量流量。

2. 绘制传热性能曲线,并进行比较

(1) 以传热系数为纵坐标,冷水(热水) 流速(或质量) 为横坐标绘制传热性能曲线。

(2) 对顺流和逆流换热性能进行比较。

(3) 对 3 种不同形式的换热器性能进行比较。

七、思考题

1. 冷、热水箱温度不恒定对实验结果有何影响?
2. 怎样按测得的数据,计算流体与固体壁面间的对流换热系数?
3. 实验中为什么可以不考虑辐射换热?

3.4 固体燃料发热量的测定

一、实验目的

(1) 了解固体燃料(或沸点高于 250 ℃ 的重质液体燃料) 发热量的测定方法。

(2) 掌握所用热量计的构造及使用方法。

二、实验原理

本实验采用的装置为 XRY - 1B 微机氧弹式热量计,属于变温热量计的一种。其原理是:已知质量的燃料完全燃烧后所产生的热量,被一定量的水全部吸收,然后根据水温的升高算出燃料的发热量(kJ/kg)。但在计算时应考虑到:

(1) 热量计本身所吸收的热量。

(2) 电热丝发出的燃烧热。

(3) 辐射损失的热量等。

因此所测得的固体燃料的发热值需要进行校正(热量计本身所吸收的热量),求法是用已知发热量的苯甲酸,在热量计中燃烧,算出热量计系统的水当量。本实验所用热量计的水当量已事先求出,并标在仪器上。因为电热丝的燃烧热很小,所以本实验忽略不计。热量计的辐射损失,可用校正温度的方法补正。

本机器为一体化设计,有量热主机、氧弹配件、控制微机和打印机四大部分。 量热主机由外桶、内桶、搅拌电机和氧弹组成;配件有压饼机、充氧器、工业氧气瓶、放气阀和弹头支架等。

三、实验原料及仪器

SiO_2 粉体、B_2O_3 粉体、Na_2O_2 粉体;高温电炉(1 300 ℃ 以上);高铝坩埚、研钵;光学显微镜、电子天平。

四、实验过程

1. 实验准备

(1) 称样。称取 1 g 左右的煤样,压成煤饼,在电子天平上称取数据(标准到 0.000 2 g),放到燃烧皿中。

（2）装入点火丝。将氧弹弹盖放在弹头支架上，取一根约 9 cm 长的点火丝（本实验提供的是 Ni、Cr 丝），把点火丝与试样接触好，两端挂在两根开有斜缝的装点火丝杆上（其中一根杆也是燃烧皿托架），用锁紧小套管锁紧。注意不可让点火丝接触燃烧皿或氧弹体的其他金属部位，以免旁路电流点火，使点火失败。为了防止样品燃烧时直冲氧弹头上的密封件，在燃烧皿上面设有圆形挡火板。

（3）充氧。在氧弹内加入 10 mL 蒸馏水，拧紧氧弹盖，将充氧器接在工业氧气瓶上，把氧气导管接在氧弹上，打开气阀，限压在 2.5 ~ 3.0 MPa，往氧弹内缓缓充入氧气，压力平衡时间不得少于 30 s。放入水中看不到气泡浮出，说明氧弹不漏气。

（4）给内桶加水。将氧弹放在内桶的氧弹座架上，向内桶加入已调好水温的水（约 3 200 g），使内桶水温比外桶低 0.5 ~ 0.7 K，以便在测量结束时内桶水温高于外桶，温度曲线可出现明显下降。将内桶放在外桶的绝缘支座上。

（5）插好点火线。将氧弹戴好点火帽，插好点火电极。

（6）盖好外桶桶盖（将点火线卡在桶盖上留的缺口处）。

2. 微机控制测量

开启仪器右后上部的红色电源开关，这时面板上的电源指示灯被点亮。

（1）开机后即已启动控制软件，选择测量。

（2）输入样品质量、仪器热容量值（本仪器热容量为 15 518 J/K）和附加热（40 J/K）（利用确定键和箭头键来输入各数值）。

（3）选择“开始测量”，按“确定”键，仪器即开始自动测量，必要时会有提示出现。

（4）测量结束，屏幕上显示出选择“高、低位发热量”（测量、计算），或“打印数据”（打印后自动退出，不计算高低位发热量）。把测出的硫、氢含量和应用基、分析基（空气干燥基）水分等数据输入显示屏幕后，移动光标至“下一步”就可打印全部结果，即分析基的氧弹发热量 Q_{d}^{f}、高位发热量 Q_{gw}^{f}、低位发热量 Q_{dw}^{f}，或应用基高位发热量 Q_{gw}^{y}、低位发热量 Q_{dw}^{y}。

五、结果分析与讨论

煤燃料的发热量是在氧弹中测定的。由于氧弹在高温高压条件下，氮生成硝酸与硫生成硫酸都放出热量，水蒸气在高压下变为液态也会放出凝结热，因此，氧弹中测得的煤的发热量是最大的，称为氧弹发热量。

发热量中如不包括上述因生成硝酸与硫酸而放出的热量，则这种发热量称为高位发热量。而高位发热量与氧弹发热量之间的关系为（以分析基发热量为例，可按式（3.4.1）计算）

$$Q_{gw}^{f} = Q_{d}^{f} - (94.1S_{t} + \alpha \cdot Q_{d}^{f}) \tag{3.4.1}$$

式中 Q_{gw}^{f}—— 燃料的分析基高位发热量，kJ/kg；

Q_{d}^{f}—— 燃料的分析基氧弹发热量，kJ/kg；

S_{t}—— 燃料中全硫的质量分数；

α—— 系数，当 $Q_{d}^{f} \leqslant 16.70$ MJ/kg 时，$\alpha = 0.001$；当 16.7 MJ/kg $< Q_{d}^{f} \leqslant 25.10$ MJ/kg 时，$\alpha = 0.001\,2$；当 $Q_{d}^{f} > 25.10$ MJ/kg 时，$\alpha = 0.001\,6$。

发热量中如不包括因生成硝酸与硫酸放出的热量，也不包括水蒸气变为液态放出的热量，则这种发热量称为低位发热量。

当煤不在氧弹中燃烧而在空气中燃烧，则氮变成游离氮逸出、硫生成二氧化硫逸出，而水蒸气也不会凝结放出凝结热。锅炉燃烧工况和排除锅炉的燃烧产物工况属于这一种情况。因而我国锅炉热效率计算中都采用燃料的应用基低位发热量进行计算。燃料的低位发热量与高位发热量之间存在一定换算关系,而以分析基发热量为例,即

$$Q_{dw}^{f} = Q_{gw}^{f} - 25.12(9H^{f} + W^{f}) \tag{3.4.2}$$

$$H^{f} = 2.329 + 0.066V^{f} + 0.168\mathrm{CRC} \tag{3.4.3}$$

式中 Q_{dw}^{f}—— 燃料的分析基低位发热量,kJ/kg;

Q_{gw}^{f}—— 燃料的分析基高位发热量,kJ/kg;

H^{f}、W^{f}、V^{f}—— 燃料分析基的氢的质量分数、水分的质量分数、挥发的质量分数,代入公式中的数据为$X\%$ 中去掉%,只代入X值(这里的X值代表的是:H^{f}、W^{f}、V^{f});

CRC—— 焦渣特性。

如需将已知的分析基低位 Q_{dw}^{f}(高位 Q_{gw}^{f}) 发热量换算成应用基低位 Q_{dw}^{y}(高位 Q_{gw}^{y}) 发热量,则

$$Q_{dw}^{y} = (Q_{gw}^{f} - 206H^{f}) \times \frac{100 - W^{y}}{100 - W^{f}} - 23W^{y} \tag{3.4.4}$$

$$Q_{gw}^{y} = Q_{gw}^{f} \times \frac{100 - W^{y}}{100 - W^{f}} \tag{3.4.5}$$

本实验没测硫的质量分数,可按0.5% 计算。

六、思考题

1. 为什么高、低位发热量要折算到应用基?
2. 氧弹中为什么要放入10 mL 蒸馏水,多放或少放会带来什么问题?

3.5 材料的导热性能实验

一、实验目的

(1) 快速测量绝热材料的导热系数和比热容。
(2) 掌握使用热电偶测量温差的方法。

二、实验原理

本实验是根据第二类边界条件—— 无限大平板的导热问题来设计的。设平板厚度为2δ,初始温度为t_0,平板两面受恒定的热流密度 q_c 均匀加热(见图3.5.1)。求任何瞬间沿平板厚度方向的温度分布。

根据傅里叶定律得出导热系数为

$$\lambda = \frac{q_c \delta}{2\Delta T} \tag{3.5.1}$$

式中 λ—— 平板的导热系数,W/(m · ℃);

q_c—— 沿 x 方向给平板加热的恒定热流密度,W/m^2;

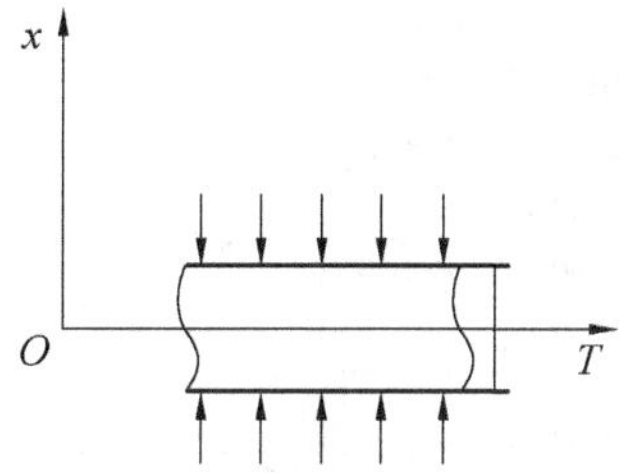

图 3.5.1　第二类边界条件无限大平板导热的物理模型

δ—— 平板的厚度，m；

ΔT—— 两面的温差，℃。

根据热平衡原理，在准稳态有下列关系，即

$$q_c \cdot F = \rho \cdot c \cdot \delta \cdot F \cdot \frac{dt}{d\tau} \tag{3.5.2}$$

式中　F—— 平板的横截面积；

ρ—— 试件材料的密度；

c—— 试件材料的比热容；

$\frac{dt}{d\tau}$—— 准稳态时的温升速率。

由式(3.5.2) 可求得比热容为

$$c = \frac{q_c}{\rho \cdot \delta \cdot \frac{dt}{d\tau}} \tag{3.5.3}$$

实验时，$\frac{dt}{d\tau}$ 以试件中心处为准。

三、实验装置

图 3.5.2 为稳态平板法测试装置图。利用 4 块表面平整，尺寸为 200 mm × 200 mm × 10 mm 完全相同的被测试件（材料为有机玻璃，其导热系数一般为 0.140 ~ 0.198 W/(m·℃)），每块试件的厚度为 δ。将 4 块试件叠在一起并装入 2 个相同的高电阻康铜箔平面加热器，加热器面积和试件的相同。用导热系数比试件小得多的材料作绝缘层，力求减小通过它的热量，使试件 1、4 与绝缘层的接触面接近绝热。这样可假定 q_c 等于加热器发出的热量的1/2，即 $q_c = \frac{1}{2}\frac{Q}{F} = \frac{UI}{2F}$。利用热电偶测量试件2 两面的温差及试件 2、3 接触面中心处的升温速率。热电偶冷端放在冰瓶中，保持零度。

四、实验步骤

（1）用自定量具测量样品、下铜盘的几何尺寸、质量等必要的物理量，多次测量，然后取平均值。其中铜板的比热容 $c = 0.385$ kJ/(K·kg)。

（2）安置被测材料和下铜盘时，须使放置热电偶的洞孔与杜瓦瓶同一侧。热电偶插入铜盘上的小孔时，要抹上硅脂，并插到洞孔底部，使热电偶测温端与铜盘接触良好，热电偶冷端插在冰水混合物中。稳态法测量时，一般采用自动控温，这时控制方式开关打到“自动”，手动控

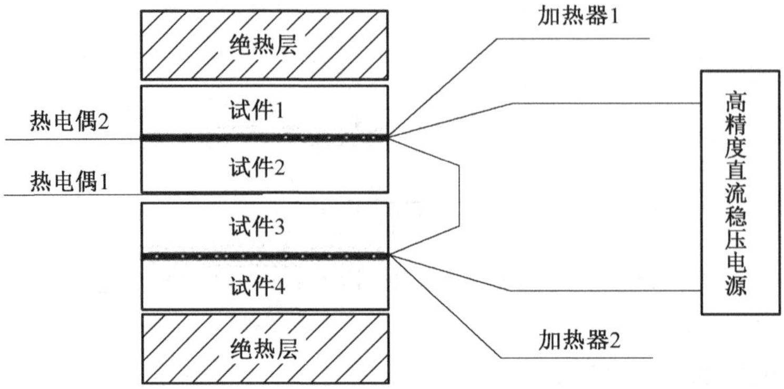

图 3.5.2 稳态平板法测试装置图

制开关打到中间位置。温度稳定在40 min左右,具体时间因被测材料、目标温度及环境温度的不同而不同。手动测量时,为缩短时间,可先将“手动控制”开关置于高挡,一定时间后,毫伏表读数接近目标温度对应的热电偶读数,即可将开关拨至低挡,通过调节手动开关的高挡、低挡及断电挡,上铜盘的热电偶输出的毫伏值在± 0.03 mV范围内。待上铜盘的温度稳定后,观察下铜盘的温度变化情况,每隔30 s记录上、下圆盘A和散热盘P对应的毫伏读数,待下圆盘的毫伏读数在3 min内变化一个字以内,即可认为已达到稳定状态,记下此时的VT1和VT2值。

(3) 记录稳态时下的 T_1、T_2 值后,移去样品,继续对下铜盘加热,当下铜盘温度比 T_2 高出10 ℃左右时,移去圆筒,让下铜盘所有表面均暴露于空气中,使下铜盘自然冷却。每隔30 s读一次下铜盘的温度示值并记录,直至温度下降到 T_2 以下一定值。作铜板的 $T-t$ 冷却速率曲线。(选取邻近的 T_2 测量数据来求出冷却速率)

(4) 计算样品的导热系数 λ。

(5) 本实验直接测温度,温差100 ℃时,其温差电动势约为42.7 ℃,故应配用量程为0 ~ 1 999 ℃,并能读到0.1 ℃的数字电压表(数字电压表前端采用自稳零放大器,故无须调零)。当温度变化范围不大于待测温度的比值时,是一个常数。

五、注意事项

(1) 测金属的导热系数的稳态值时,热电偶应该插到金属样品上的两侧小孔中:测量散热速率时,热电偶应该重新插到散热盘的小孔中。T_1、T_2 值为稳态时金属样品上下两侧的温度,此时散热盘P的温度为 T_3,测 T_3 值时要在 T_1、T_2 值达到稳定后,将上面测 T_1 或 T_2 的热电偶移下来插到下铜盘小孔中进行测量。

(2) 上铜盘侧面和散热盘P侧面,都有供安插热电偶的小孔,安放发热盘时这两个小孔都应与杜瓦瓶在同一侧,以免线路错乱,热电偶插入小孔时,要抹上硅脂,并插到洞孔底部,保证接触良好,热电偶冷端浸于冰水混合物中。

(3) 样品圆盘B和散热盘P的几何尺寸,可用游标尺多次测量取平均值。散热盘的质量 m 约为0.8 kg,可用天平称量。

(4) 面板中的信号输出可以接电位差计来精确测量热电偶温差电动势。

六、思考题

1. 稳态法测量导热系数,要求哪些实验条件并如何在实验中予以确定?
2. 求冷却速率时,为什么要在散热盘稳态温度附近选值?

第 4 章　陶瓷粉体工程实验

4.1　粉体及块体真密度的测定

一、实验目的

掌握浸液法测定粉末及块体真密度的原理和方法。

二、实验原理

测定粉体真密度的传统方法是比重瓶法，其原理是利用排水法测定粉体的真体积 V，再根据粉体质量计算其真密度。比重瓶法测真密度选用的介质多是浸润性、挥发性强的液体，如乙醇、煤油、二甲苯等。由于这类介质液体的密度对温度比较敏感，因此比重瓶法对测量过程中的温度控制要求非常严格，挥发过程必须在恒温箱中进行，整个过程中温度的偏差必须控制在 ±0.1 ℃，步骤繁多，耗时长，实际操作困难。本实验采用的直读电子比重计 DH－300 是根据 ASTM D297－93、D792－00、D618、D891 等标准，以阿基米德水中置换原理与现代微电子技术相结合，以实际温度下水的密度为基础，经过两次质量测量分别得出待测样品的质量与体积，从而通过微计算机直接计算样品的比重。

三、实验仪器

电子比重计；温度计（0 ~ 100 ℃；精度 0.1 ℃）。

四、实验步骤

1. 水温补偿

水的比重会随着水的温度变化而变化，所以需要以 4 ℃ 水的比重 1.000 0 为基础加以温度补偿。测试前用温度计量出水的实际温度，然后将相应温度修改成温度计测量的实际温度即可。具体步骤如下：

（1）长按【C】键不放，直至屏幕显示“A1”时放手。

（2）再按一次【C】键，屏幕会显示闪烁的数字“25”。

（3）按【B】键更改数字，按【A】键移位。

（4）更改完成后按【ENTER】键记忆，确认修改并回到待测模式。

2. 固体测量

（1）开机，等待显示屏归零，或按【ZERO】键归零。

（2）用镊子夹起样品放于测量台上。

（3）当稳定符号显示时按【ENTER】键，出现【SAVE－A】，随后出现【－－－－－－】表示正在记忆样品在空气中的质量，记忆完成后“▼”指向“M”（空气中的质量）。

(4) 用镊子夹起样品在酒精中清洗，然后放入水中的吊篮上，当稳定符号显示时按【ENTER】键，出现【------】，随后出现【SAVE - B】表示正在记忆样品在水中的质量。记忆完成后“▼”指向“SG”(比重值)。

(5) 将需要的数据记录好后，按【ENTER】键，重新回到待测模式，进行下一个样品的测试。

其他选择：

测试完成显示比重值后，按【B】键，可依次显示：

SHO. SG　比重值

SHO. V　体积值

SHO. %　百分比值

-　-　水中质量值

3. 颗粒测量

(1) 将网球放入水中的吊篮上，玻璃杯放在测量台上，按【ZERO】键扣除网球和玻璃杯的质量。

(2) 将待测样品放入测量台上的玻璃杯中。

(3) 当稳定符号显示时按【ENTER】键，出现【SAVE - A】，随后出现【------】表示正在记忆样品在空气中的质量，记忆完成后“▼”指向“M”(空气中的质量)。

(4) 用镊子取出水中吊篮上的网球并打开，将玻璃杯中的样品倒入网球中扣上网球。(注意样品不能有遗漏。)

(5) 用镊子夹起网球在酒精中清洗，稍用力抖动确保颗粒在放入水中时无气泡。

(6) 用镊子夹起清洗好的样品(网球)放入水中的吊篮上并将玻璃杯重新放回测量台。

(7) 当稳定符号显示时按【ENTER】键，出现【------】，随后出现【SAVE - B】表示正在记忆样品在水中的质量。记忆完成后“▼”指向“SG”(比重值)。

(8) 将需要的数据记录好后，按【ENTER】键，重新回到待测模式，进行下一个样品的测试。

五、注意事项

(1) 操作时，需小心轻放，并将测量物放置在测量台的中央位置。

(2) 测量过程中，水中吊篮上的物体必须完全浸没在水中，并且确保所测样品表面没有气泡。

(3) 请勿使用尖利样品直接触碰按键。

(4) 每次测量前，按 ZERO 键归零，可避免产生测量误差。

(5) 如长时间不使用，请将电源拔除，并将测量台及水槽取下。

六、思考题

1. 测定真密度的意义是什么？
2. 影响测定真密度的主要因素是什么？

4.2 球磨机粉磨实验

一、实验目的

(1) 了解粉磨机理和粉磨过程。

(2) 熟悉球磨机结构、性能和工作原理。

(3) 掌握高效率粉磨的操作方法和影响粉磨效率的主要因素。

二、实验原理

粉碎过程机理至今还是一个复杂的问题。虽然有过大量研究,对其已有一定的了解和论证,但目前还没有完全掌握它的规律性,有待深入探讨。一般情况,一块单一的固体,受打击粉碎后,将产生较少的大粒子和较多的小粒子;若继续加大打击能量,大粒子将变成较多数量的小粒子,而小粒子数量将大大增大,而粒度不再变小。这是因为大块固体内部有脆弱面,受力后先沿脆弱面发生碎裂。粒度小,脆弱面减小,最后小粒子趋近于构成晶体的单元块。小粒子受力不碎裂,仅表面受切削变为一定粒径的微粒。可见小粒子的粒径由物料性质决定,大粒子与粉碎过程有关。

球磨机对物料的粉磨,正是对小粒子的粉碎过程。由上述粉碎机理可知,研磨体对小粒子粉碎变细的作用甚微,而切削、研磨使小粒子再变细。用球磨机对物料进行粉磨,就是多利用切削、研磨,尽量减小冲击粉碎所消耗的能量。影响球磨机粉磨效率的因素很多,本实验主要从改变料球比、球磨介质组成、助磨剂的加入量、以倾斜代替水平磨的方法,来研究球磨机粉磨情况。

三、实验仪器及用品

1. 主要仪器设备

小型球磨机,标准筛,天平,砝码。

2. 研磨体与粉体

(1) 研磨体。钢球或瓷球,大、中、小、次小若干。

(2) 粉体。细状($d < 5$ mm) 煤或石灰石。

四、实验过程

(1) 改变料球比,用同一球磨机对粉煤灰进行粉磨实验,用筛析法测粒度分布情况。

(2) 改变球磨介质组成,用同一球磨机对粉煤灰进行粉磨实验,用筛析法测粒度分布情况。

(3) 改变助磨剂加入量,用同一球磨机对粉煤灰进行粉磨实验,用筛析法测粒度分布情况。

(4) 球磨机一台水平放置,一台倾斜放置,对粉煤灰进行粉磨实验,用筛析法测粒度分布情况。

五、实验结果与分析

(1) 分别记录并计算料球比变化前后,机内粉煤灰的粒度组成分布。
(2) 分别记录并计算球磨介质组成改变前后,机内粉煤灰的粒度组成分布。
(3) 分别记录并计算助磨剂加入量改变前后,机内粉煤灰的粒度组成分布。
(4) 分别记录并计算水平磨和倾斜磨内,粉煤灰的粒度组成分布。
(5) 绘制各自的粒度分布曲线。

六、思考题

1. 球磨机粉磨实验有何意义?
2. 影响球磨机粉磨效率的因素有哪些?

4.3 粉体粒度分布的测定

粒度分布通常是指某一粒径或某一粒径范围的颗粒在整个粉体中所占比例。它可用简单的表格、绘图和函数形式表示颗粒群粒径的分布状态。颗粒的粒度、粒度分布及形状能显著影响粉末及其产品的性质和用途。例如,水泥的凝结时间、强度与其细度有关,陶瓷原料和坯釉料的粒度及粒度分布影响许多工艺性能和理化性能磨料的粒度及粒度分布,决定其质量等级等。为了掌握生产线的工作情况和产品是否合格,在生产过程中必须按时取样并对产品进行粒度分布的检验,粉碎和分级也需要测量粒度。

粒度测定方法有多种,常用的有筛分法、沉降法、激光法、小孔通过法、吸附法等。本实验用筛分法测定粉体粒度分布。

一、实验目的

利用筛分方法不仅可以测定粒度分布,而且通过绘制累积粒度特性曲线,还可得到累积产率为50% 时的平均粒度。本实验用筛分法测粉体粒度分布,实验目的如下:

(1) 了解筛分法测定粉体粒度分布的原理和方法。
(2) 根据筛分数据绘制粒度累积分布曲线和频率分布直方图。

二、实验原理

1. 测试方法概述

筛分法是让粉体试样通过一系列不同筛孔的标准筛,将其分离成若干个粒级,分别称重,求得以质量分数表示的粒度分布。筛分法适用于粒径在100 mm ~ 20 μm的粒度分布测量。筛孔的大小习惯上用"目" 表示,其含义是每英寸(25.4 mm) 长度上筛孔的数目,也有用1 cm长度上的孔数或1 cm^2 筛面上的孔数表示的,还有的直接用筛孔的尺寸来表示。筛分法常使用标准套筛,有干法与湿法两种,测定粒度分布时,一般用干法筛分,若试样含水较多,颗粒凝聚性较强时则应当用湿法筛分(精度比干法筛分高),特别是颗粒较细的物料,若允许与水混合,最好使用湿法,因为湿法可避免很细的颗粒附着在筛孔上面堵塞筛孔。另外,湿法可不受物料温度和大气湿度的影响,还可以改善操作条件。所以,湿法与干法均已被列为国家标准方法作为测定水泥及生料细度的方法。

筛析结果往往采用频率分布和累积分布来表示颗粒的粒度分布。频率分布表示各个粒径相对应的颗粒百分数(微分型);累积分布表示小于(或大于)某粒径的颗粒占全部颗粒的百分数与该粒径的关系(积分型)。用表格或图形来直观表示颗粒粒径的频率分布和累积分布。

筛分法使用的设备简单、操作方便,但筛分结果受颗粒形状的影响较大,粒度分布的粒级较粗,测试下限超过 38 μm 时,筛分时间长,也容易堵塞。

2. 设备仪器工作原理

(1) 干筛法。置于筛中一定质量的粉料试样,借助于机械振动或手工拍打使细粉通过筛网,直至筛分完全后,根据筛余物质量和试样质量求出粉料试料的筛余量。

(2) 湿筛法。置于筛中一定质量的粉料试样,经适宜的分散水流(可带有一定的水压)冲洗一定时间后,筛分完全,根据筛余物质量和试样质量求出粉料试样的筛余量。

三、实验步骤

(一) 干筛法

1. 设备仪器准备

实验时需准备:标准筛一套,振筛机,托盘天平,搪瓷盘,烘箱。

2. 具体操作步骤

(1) 试样制备。准确称取 100 g 试样。

(2) 套筛按孔径按从大至小顺序叠好,并装上筛底,安装在振筛机上,将称好的试样倒入最上层筛子,加上筛盖。

(3) 开动振筛机,振动 20 min,然后依次将每层筛子取下,用手筛分,若 1 min 所得筛下物料量小于筛上物料的 1%,则认为已达筛分终点,否则要继续手筛至终点。

(4) 小心取出试样,分别称量各筛上和底盘中的试样质量,并记录于表 1 中。

(5) 检查各层筛面质量总和与原试样质量之误差,误差不应超过 2%,此时可把所损失的质量加在最细粒级中,若误差超过 2% 则实验重新进行。

(二) 湿筛法

1. 设备仪器准备

实验中需准备:200 目筛子,脸盆,烘箱。

2. 具体操作步骤

(1) 试样制备:用圆锥四分法缩分取样,准确称取 5 g。

(2) 将试样放入烧杯中,加水搅拌成泥浆(如果难分散粉料,还需加入适量的分散剂)。

(3) 将上述泥浆倒入 200 目的筛上,然后在盛有清水的脸盆中淘洗或用水冲洗,直至水清为止,层筛上的残留物用洗瓶分别洗到玻璃皿中,放在烘箱内烘干至恒重,称量(准确至0.1 g)测定筛余量。

3. 数据记录(表 4.3.1)

表 4.3.1 数据记录表

试样名称________ 试样质量________ 筛分时间________

标准筛 筛尺寸/mm	质量 /g	质量分数 /%	筛上累积分数 /%	筛下累积分数 /%

四、测试结果处理

$$实验误差 = \frac{试样质量 - 筛析总质量}{试样质量} \times 100\% \qquad (4.3.1)$$

根据实验结果记录,在坐标纸上绘制筛上累积分布曲线 R,筛下累积分布曲线 D,频率分布直方图(粒度 Δd 尽量减小,通常可取 $\Delta d = 0.5$ mm)。

五、思考题

1. 干筛法与湿筛法各有什么特点?
2. 影响筛分法的因素有哪些?
3. 如何根据粒度分布曲线判断试样的分布情况?

4.4 陶瓷粉体的化学合成

近代发展起来的特种矿物材料,如高性能的功能陶瓷和新型玻璃,要求原料有很高的纯度和超细的粒度,因此,大多采用化工原料来人工合成粉体。由于其需要较高的投入,增大了粉体的成本,所以,只用于生产高性能的功能材料。

一、实验目的

本实验要求以氧氯化锆($ZrOCl_2 \cdot 8H_2O$)、氧化镁为原料,用共沉淀法制备氧化镁部分稳定的氧化锆固体电解质超细粉末。

二、实验原理

纯氧化锆的烧结体晶型不稳定,在升温过程中,1 140 ℃ 会发生单斜相到四方相的转变,同时产生7% 的体积收缩;在 1 400 ℃ 时发生四方相到立方相的转变;降温时又会发生反方向的相变。如果在氧化锆中掺入足够的氧化钇、氧化钙或氧化镁,可以使氧化锆在室温时也能保持稳定的立方相结构,晶型不再随温度变化;称为全稳定的氧化锆(FSZ)。

同时,由于掺入的低价金属离子(Ca^{2+}、Mg^{2+}、Y^{3+})进入氧化锆晶格后,产生了大量的氧离子空位,所以,氧化锆在高温(> 550 ℃)时,允许氧离子通过氧离子空位迁移,形成氧离子导体。如果原料很纯净(特别是没有变价的金属离子杂质),可以得到电子导电性很低的氧离子导体,用于制作高温传感器(气体中的氧传感器)。

为了制作测定钢液中氧含量的传感器，要求氧化锆固体电解质管状元件（$\Phi5\ mm\times1\ mm\times35\ mm$）具有很好的抗热冲击能力，在突然插入1 700 ℃ 钢液的情况下，不允许产生裂纹。这时，需要采用部分稳定的氧化锆材料。

减小氧化锆中稳定剂的含量，可以得到部分稳定的氧化锆（PSZ）。常温下，部分稳定的氧化锆烧结体中，3种晶型（单斜、四方和立方）混合存在，使升温过程中元件的热膨胀，可以被单斜相到四方相转变时的体积收缩所抵消（如果单斜相的比例合适）；如果原料粉末很细小，烧结体中的晶粒也很细小，微小的单斜晶粒可以在低一些的温度（600 ~ 1 000 ℃）时逐步发生相转变，大大减缓了热冲击带来的热应力；并且，微细的四方相晶粒（< 0.2 μm 的四方相晶粒）才能在室温下存在，有助于提高材料的韧性；另外，烧结后相变时产生的微裂纹，也有助于阻止裂纹扩展带来的影响；烧结体晶粒很细小，使得元件强度得到了提高。这些因素都有利于提高元件的抗热冲击能力。

为了控制三相比例，除了严格控制烧结、热处理制度外，还必须准确地控制氧化锆中稳定剂（MgO）的含量；另外，要求粉末粒度很细小；并且不允许带入杂质。因此采用共沉淀法制备氧化镁部分稳定的氧化锆（MgO－PSZ）超细粉末。

氧氯化锆（$ZrOCl_2\cdot8H_2O$）不溶于酸和碱，所以，可以用酸来提纯（除去铁离子等杂质）。提纯后，将氧氯化锆溶于水，过滤，除去灰尘、氧化硅等杂质；按需要的成分配入氧化镁，形成锆、镁的混合盐溶液。加入过量的氨水，形成混合均匀的氢氧化锆和氢氧化镁的细小颗粒沉淀物。

$$ZrCl + NH_4OH \longrightarrow Zr(OH)_4\downarrow + NH_4Cl$$
$$MgCl_2 + NH_4OH \longrightarrow Mg(OH)_2\downarrow + NH_4Cl$$

因为氢氧化镁比较容易溶于水，因此，必须保持较高的碱性（pH > 10），不使氢氧化镁流失。过滤后，用pH > 10的氨水淋洗沉淀物，除去多余的氯化铵；沉淀物中加入分散剂（高分子溶剂，如正丁醇、聚乙二醇等），避免在热分解时粉体结团。

沉淀物烘干后，在加热分解过程中，低温时首先脱水，然后是剩余的氯化铵分解，最后是锆、镁氧化物的生成，即

$$NH_4Cl \longrightarrow NH_3\uparrow + HCl\uparrow$$
$$Zr(OH)_4 \longrightarrow ZrO_2 + 2H_2O\uparrow$$
$$Mg(OH)_2 \longrightarrow MgO + H_2O\uparrow$$

氧化镁部分稳定的氧化锆超细粉体的制备过程为：① 称取原料；② 加水溶解；③ 过滤固体杂质；④ 加入稳定剂氧化镁；⑤ 加入氨水共沉淀；⑥ 沉淀物水洗（pH > 10）；⑦ 加入分散剂；⑧ 干燥；⑨ 热分解。整个工艺流程很长。步骤⑦ ~ ⑨ 本实验不做。

三、实验步骤

（1）取500 g氯氧化锆，置于1 000 mL的容器中；加入360 mL蒸馏水，搅拌，使之溶清。

（2）抽滤，除去固体杂质。

① 洗净布氏漏斗和抽滤用的锥形瓶，垫好湿滤纸；缓慢倒入溶清的氯氧化锆溶液，用水流泵抽滤，抽干后，用少许蒸馏水（约20 mL）淋洗布氏漏斗。

② 为得到氧化镁质量分数为2.2% 的氧化锆，计算需加入氧化镁的质量；按500 g氯氧化锆中含有的氧化锆的质量计算（按分子量计算，也可以用实验的方法测定单位体积溶液中的

氧化锆含量,按溶液的浓度和体积来计算)。

(3) 加入氧化镁,搅拌,溶清。

(4) 共沉淀。

① 缓慢加入300 mL氨水,同时不停地搅拌,不使沉淀结团,可补加到400 mL氨水,直到沉淀完全,并将被沉淀包裹的水放出,取出少量搅拌澄清的清液,在清液中加入氨水后,不再产生沉淀,表明沉淀完全。

② 在布氏漏斗中再垫滤布和滤纸,将沉淀物倒入布氏漏斗内,接通水流泵,抽滤;滤干后,用氨水溶液(体积比为1∶15)淋洗3次,每次50 mL。

③ 为进一步除去氯化铵,将滤饼倒在2 000 mL容器中,加入300 mL氮水溶液浸泡,搅拌澄清后,倒掉清液,再次抽滤除水。

(5) 化学分析,测定沉淀物中镁的质量分数。计算相应的氧化锆中氧化镁的质量分数。

(6) 干燥。

① 将滤饼中加入分散剂,搅匀。

② 蒸馏,干燥沉淀物、回收分散剂。

(7) 热分解。

① 将干燥的沉淀物盛在氧化铝坩埚中,放在马弗炉内;升温至480 ℃,保温1 h,将剩余的氯化铵分解、排除。再升温至600 ℃,保温1 h,使氢氧化物分解完全。

② 冷却后,得到氧化镁部分稳定的氧化锆超细粉末。称重,计算氧化锆的收得率。

四、实验报告要求

(1) 实验目的、实验原理、实验操作步骤。

(2) 加入氧化镁量的计算过程;计算氧化镁收得率、氧化锆收得率。

(3) 实验时观察到的现象、个人的体会及对实验改进的意见。

五、思考题

1. 用什么方法制备陶瓷细粉和超细粉末?

2. 制备超细粉体对材料性能有何影响?

4.5 陶瓷粉体综合实验

一、实验目的

(1) 熟练掌握粉体各项物性的表征方法。

(2) 了解各项粉体物性指标对粉体的制备、处理及其应用性能的影响。

(3) 掌握一些对粉体的制备、处理及其应用效果的评价方法。

(4) 培养学生分析和解决具体粉体问题的能力。

二、实验原理

粉碎效率与材料物性以及粉碎施力方式等诸多因素有关。材料的强度特性如硬度和韧性对其粉碎效率影响很大,但通常所称的强度系指其抵抗脆性破坏的能力,而粉磨过程中颗粒受到力的作用时,除脆性破坏外还伴有局部的非弹性变形。研究表明,粗颗粒受负荷作用时易发生脆性破坏,而细颗粒更易发生塑性变形而碎裂。各种矿物颗粒都对应一定的从脆性破坏过渡到塑性变形的粒径范围。Sikong 等人所得的实验结果表明:10 ~ 30 m 为开始出现塑性变形的界限,1 ~ 5 m 则为过渡至完全塑性变形的界限。与石英之类硬质材料相比,石膏等软质材料的上述界限粒径范围有增大的倾向。以上现象的出现是粒度减小、颗粒上的裂纹长度变短,以及数量变少以至消失所致。

同时,破碎强度和阻力增大,使颗粒在从脆性破坏过渡至塑性变形的粒径范围内产生裂纹变得十分困难。因此,在一定的粒度下,反复的机械应力作用不会导致破碎,而仅仅产生变形,在超微粉碎中它成为粉碎效率的负因素。另一方面,在力学性质中对材料粉碎性影响大的是拉伸强度。且因压坏强度相当于拉伸强度,而它又与加荷速度和加荷周期有关,因此,粉磨工件对物料的加荷速度和加荷周期必将影响其粉磨效率。一般认为,加荷周期与颗粒的固有周期相近时,可显著地提高粉碎效率。

加荷速度或碎料粒子的碰撞速度对粉碎效率的改善取决于材料性质,且范围狭窄。因此,很难作为操作条件对其进行控制,但是在超细粉碎时,必须充分考虑加荷速度和加荷周期对粉碎效率的影响。

对于熔点、软化点低的热可塑性材料和因温度上升而失去结合水由氧化作用而变质的材料,以及常温时强韧、低温时脆性化的材料,适宜采用低温粉碎。与上述热性质相反,有的材料各组成相的热膨胀系数不同,利用这一性质,如在粉碎前加热物料然后急冷,造成热应力,使材料颗粒更易于碎裂。此外,结晶水化合物与无结晶水化合物相比,由于结晶水使体积膨胀,利用这一性质进行粉碎的方法称为化学粉碎法。例如,将难以粉碎的超硬合金材料加热,并与氯气作用生成氯化物,如果将生成物投入水中,则结晶水可引起体积膨胀,产生自然崩坏的效果。

总之,要充分研究材料的热性质、化学性质与粉碎性之间的关系,并加以充分利用。

三、实验步骤

(1) 确定两种易磨性表征方法(Bond 功指数法和 Hardgrove 指数法)的适用范围,并对它们的结果的关联性做出评价。

(2) 利用 Bond 功指数 W_i 和实际作业工作指数 W_{i0} 对球磨机粉磨效率做出评价。

(3) 利用内摩擦角计算粉体层的侧压特性。

(4) 利用剪切实验结果确定有效内摩擦角,并对料斗的流动因素进行评价。

(5) 利用安息角(休止角)实验所得结果参考 Carr 流动性指数对该粉体从料仓内流出时的结拱情况进行预测并提出改善措施。

四、效果评价

粉碎的难易程度:

内摩擦角:

侧压特性:

流动因素:

结拱情况：

五、思考题

1. 为什么用 Bond 功指数法能测定物料粉碎的难易程度？
2. 为什么采用强度和硬度往往还难以表述材料粉碎的难易程度？
3. 物料在 Hardgrove 环球磨中主要受到什么样的粉碎作用？
4. 影响安息角测定的因素有哪些？

第5章　陶瓷、玻璃及耐火材料综合实验

5.1　陶瓷坯料配方实验

一、实验目的

(1) 掌握陶瓷坯料配方的实验原理及实验方法。

(2) 熟悉陶瓷坯料配方操作技能。

(3) 初步掌握陶瓷生产工艺方案的确定方法,全面了解陶瓷生产的工艺过程。

二、实验原理

制定坯料配方尚缺乏完善方法,主要原因是原料成分多变,工艺制度不稳,影响因素太多,对效果的预测没有把握。

根据理论计算或凭经验摸索,经过多次实验,在既定的各种条件下,均能找到成功配方,但条件一变则配方的性能也随之而变。

根据产品性能要求选用原料,确定配方及形成方法是常用的配料方法之一。例如:制造日用瓷必须选用烧后呈白色的原料(黏土原料),并要求产品有一定强度;制造化学瓷要求有好的化学稳定性;制造地砖要求必须有高的耐磨性和低的吸水性;制造电瓷需有高的机电性能;制造热电偶保护管须能耐高温、抗热震并有高的传热性;制造火花塞要求有大的高温电阻、高的耐冲击强度及低的热膨胀系数。

选择原料确定配方时既要考虑产品性能,又要考虑工艺性能及经济指标。文献资料所载的成功经验配方都有参考价值,但不能照搬。因黏土、瓷土、瓷石均为混合物,长石、石英常含不同的杂质,同时各地原有母岩及形成方法、风化程度不同,其理化工艺性能或不尽相同或完全不同,所以选用原料、制定配方只能通过实验来决定。

坯料配方实验方法一般有三轴图法、孤立变量法、示性分析法和综合变量法。

三轴图法即3种原料组成图,图中共有66个交点和100个小三角形,其中由3种原料组成的交点有36个,由2种原料组成的交点有27个,由1种原料组成的交点有3个,如图5.1.1所示。配料时先决定该种坯料所选用各种原料的适当范围,初步确定三轴图5.1.1的几个配方点(配方点可以在交点上,也可以在小三角形内),例如图5.1.1中A点为含(质量分数)长石50%,石英20%,瓷土30%;B点为含长石30%,石英30%,瓷土40%;C点为含长石10%,石英40%,瓷土50%。按照配方点组成进行配料制成试条,测定物理特性,进行比较优选采用。三轴图不限于黏土、长石、石英3种组成,凡采用3种原料配料做实验的均可利用图5.1.1。例如一般配料中含长石30%,石英20%,黏土50%,而黏土中又采用高岭土、强可塑黏土和瘠性黏土3种黏土配合使用,则可制一个3种黏土的三轴图,在图5.1.1上选定数点做实验以求出高岭土、强可塑黏土和瘠性黏土的最佳配方。

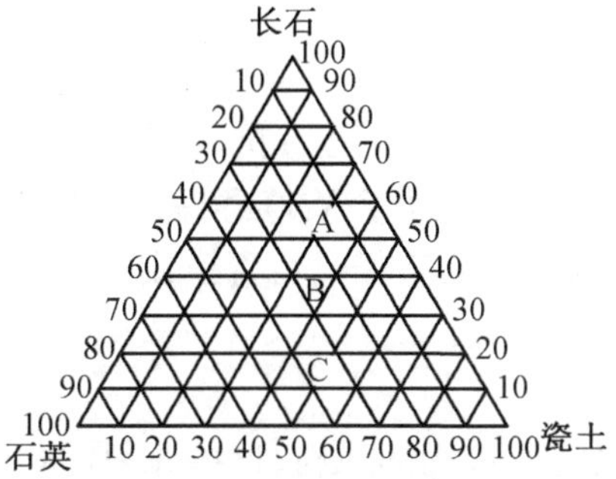

图 5.1.1　黏土—长石—石英三轴图

孤立变量法即变动坯料中 1 种原料或 1 种成分，其余原料或成分均保持不变，例如 A、B、C 3 种原料，固定 A、B，变动 C；或固定 B、C，变动 A；或固定 A、C，变动 B，最后找出一个最佳配方。

示性分析法着眼于化学成分和矿物组成的理论配合比。例如，高岭土中常含有长石及石英的混合物，长石中常含有未化合的石英，瓷石中则常含有长石、石英、高岭石、绢云母等。如配方中的高岭土是指纯净的高岭石溉方中的长石、石英是指极纯的长石及石英，则最好用示性分析法测定各种原料内的高岭土、长石、石英的含量，以便配料时统计计算。

综合变量法即正交实验法，也称多因素筛选法、多因素优选法、大面积撒网法。实验前借助于正交表，科学地安排实验方案，实验后，经过表格运算，分析实验结果，以较少的实验次数找出最佳的坯料配方。

实验方案的设计步骤如下：

1. 挑因素，选水平，确定因素水平表

因素即实验中所要考虑的各种条件，例如，球磨转速、料球水比、坯料水分、细度及组分等。各种因素对实验结果都可能产生影响，如不加挑选，因素多势必造成实验次数增加，所以要在多种因素中挑出主要因素。水平即每个因素中的不同状态，例如不同的球磨转速，不同的料、球、水比，坯料中不同的含水率，不同的细度，各组分的不同含量等。每个因素要选多少个水平，要根据生产和实验目的来确定。

2. 选择合适的正交表

根据挑选的因素及水平数，选择合适的正交表。正交表是利用"均衡分散性"和"整齐可比性"这两条正交性原理，从大量实验点中挑选典型性实验点，排成特定表格，这种表格特称正交表。

3. 制定实验方案

根据挑选的因素水平数到附表中挑选合适的正交表。例如二水平的正交表有 $L_4(2^3)$、$L_8(2^7)$、$L_{16}(2^{15})$、$L_{20}(2^{19})$、$L_{12}(2^{11})$、$L_{16}(4^3\times 2^6)$、$L_{16}(4^2\times 2^9)$ 等；三水平的正交表有 $L_9(3^4)$、$L_{18}(1^1\times 3^7)$、$L_{18}(3^7)$、$L_{27}(3^{13})$；四水平的正交表有 $L_{16}(4^5)$、$L_{32}(4^9)$、$L_{32}(2^1\times 4^9)$、$L_{32}(8^1\times 4^8)$、$L_{64}(4^{21})$ 等。根据实验目的，确定要考察的因素，如对事物变化规律了解不多，因素可多取一些，如对实验对象比较了解，因素可少取一些。根据因素水平数，实验条件的难易，最后综合各方面意见选择合适的正交表，有了合适的正交表，把选取的因素分别安放在正交表的各列上，实验方案制定完成。

三、仪器设备

黏度计(恩氏的或漏斗形的);停表、温度计;抗弯强度实验机;试条模及小刀、成形碾棒;切刀、CoO 料浆(编号用);小磅秤,白铁桶;瓷质球磨罐,匙瓢;普通天平(台式);量筒;砂浴锅、铁钳、电炉及水浴锅;铜质烧杯、玻璃棒;布袋或石膏模或匣钵。

四、实验步骤

(1) 根据产品性能要求,确定所选用的原料,这些原料的化学成分、矿物组成,以及工艺性能一般是已知的,否则要进行分析测定。

(2) 从三轴图上选取 6 ~ 10 个配方点,并将这些配方点的原料的质量分数算出来列在表上。

(3) 按三轴图上配方点原料的质量分数称取投料量,并确定料、球、水比,称取料、球、水,投入球磨滚筒中进行球磨。

(4) 符合细度要求后出球磨、搅拌、除铁、脱水。

(5) 真空练泥后成符合操作要求的塑性泥料,稍加陈腐备用;在实验室中如因投料量太少,不便压滤,可利用布袋或石膏模或匣钵除去泥浆中的水分,成为塑性泥料。

(6) 用手进行揉练,以进一步除去泥料中的空气泡并使水分分布均匀,再和模型制成 10 mm × 10 mm × 120 mm 的试条 5 块,8 mm × 50 mm × 50 mm 的试块 3 片。

(7) 试条、试块阴干后用氧化钴浆料编号,制定干燥制度,再经干燥并检查干燥结果(如开裂、收缩、变形等);确定烧成制度,入炉(窑)烧成并测定吸水率、抗折强度及断面情况,即可得出最合适的坯料。

如用正交实验法则举例如下:

(1) 实验课题:用正交实验法寻找黏土、长石、石英的最佳配比。

(2) 实验目的:获得性能优良的坯料配方,以提高产品质量。

(3) 实验考核指标:烧成温度 1 350 ℃ 以下,抗折强度 588.4×10^5 N/m^2 以上。

(4) 因素水平表。

五、实验结果与分析

(1) 按考核指标要求抗折强度为 588.4×10^5 N/m^2 以上。实验结果中符合要求的配方烧成温度为 1 300 ℃ 的 6 号、7 号;烧成温度为 1 330 ℃ 的 1 号、2 号、5 号、8 号;烧成温度为 1 350 ℃ 的 1 号、2 号、4 号、5 号、6 号、7 号、8 号。而烧成温度为 1 300 ℃ 时最好的配方为 7 号;烧成温度为 1 330 ℃ 时最好的配方为 5 号;烧成温度为 1 350 ℃ 时最好的配方为 2 号。

(2) 符合要求的配方烧成温度为 1 300 ℃ 的为 2 个,烧成温度为 1 330 ℃ 的为 4 个,烧成温度为 1 350 ℃ 的为 7 个。由此可见在所给 3 个因素、2 个水平配方中随着烧成温度的提高符合抗折强度技术指标要求的配方越来越多,即烧成温度是外因条件中的关键。

(3) 从极差 R 值的分析来看,长石的极差最大,说明长石含量增减对抗折强度影响大,所以在这 2 种配方中长石是 3 个因素中的主要因素。

六、实验记录与计算

(1) 进行坯料配方时的计算数据,包括化学组成、示性矿物组成、坯式等的配料记录与计算数据。

(2) 用正交实验法设计坯料配方方案时要按正交实验的程序进行设计计算。

(3) 三轴图法、孤立变量法、示性分析法和综合变量法(正交实验法)4种方法(或者还有其他方法),在坯料配方时应用其中任意1种方法或2种方法或4种方法全用都可以。

(4) 依据陶瓷产品的性能要求,已有的原料、设备制定出合理的工艺流程,并通过实验确定出最佳或较佳的工艺参数。

七、思考题

1. 影响陶瓷制品质量的内因根据和外因条件是什么?坯料配方实验要解决什么问题?
2. 指导坯料配方的基本理论是什么?
3. 进行坯料配方实验时要考虑哪些问题?
4. 陶瓷坯料配方与制造工艺、显微结构、理化性能的关系怎样?
5. 在一般情况下,如何找出最适合的配料公式(用坯式表示)?

5.2 坯料造粒与干压成型实验

一、实验目的

(1) 了解压制成型的过程和机理。
(2) 学习和掌握压制成型的基本操作方法。
(3) 熟悉料性与压力对压制成型效果的影响。

二、实验原理

干压成型是基于较大的压力,将粉状坯料在模型中压制成一定形状的陶瓷坯体。压力为3.92 ~ 9.8 MPa或更高。成型时,当压力加在坯料上时,颗粒状粉料受到压力的挤压,开始移动,相互靠拢,坯体收缩,并将空气驱除;当压力与颗粒间摩擦力平衡时,坯体便达到相应压力下的压实状态。压力越大,坯体越致密,均匀性逐渐改善,但过大压力会将残余空气压缩,在压力去除时会因气体膨胀产生层裂。

三、实验设备

FW型手扳式液压制样机;各种形状的压制模具;粒度观察显微镜。

四、实验步骤

(1) 选用颗粒组成合适的陶瓷坯料,加入适量(3% ~ 7%)水或黏结剂搅拌均匀,造粒。
(2) 检查与调试实验所用的FW型手扳式液压制样机。
(3) 选取合适的压制模具,并在模具面涂润滑油等。

(4) 装料均匀，堆料松紧一致。

(5) 制订试样压制压力级别，如可自 5 ~ 18 t，共分 8 个等级。

(6) 根据所需的压制工艺，装好上、下压模板，校正好上、下模板的平行度、同轴度等。

(7) 旋紧主体油缸上止回阀的放油螺钉和油泵上的回油螺钉，即可使用。

(8) 上下往复旋动压力手柄，推动油泵活塞下移，压模与制样物接触就产生压力，且随着不断旋转手柄，压力不断增大，观察加力表，当达到所需压力时，停止旋动。

(9) 卸载时，将主体油缸上止回阀螺钉和油泵上的放油螺钉拧松，油回泵活塞就归位。

(10) 轻轻敲击模具，使陶瓷坯体脱模并保持完整。

五、实验结果与分析

(1) 分别记录不同含水量坯料压制后的坯体质量。

(2) 分别记录不同压制压力压制后的坯体质量。

(3) 判断不同含水量、压制压力与坯体质量的关系。

六、注意事项

(1) 坯料的粒度分布、颗粒显微形貌、含水量对压制成型非常重要，可做相应的检测，以获得最佳参数。

(2) 压机压力大小、加载速度等对陶瓷坯体成型质量影响很大，可以通过实施一组实验确定最佳工艺参数。

(3) 加压时，旋动泵体手柄动作要慢，注意排气，卸压时，放松油泵螺钉及止回阀螺钉要缓慢，脱模时要小心，以免损坏生坯的边缘。

七、思考题

1. 干压成型压力的施加速率与坯体压制质量有何关系？
2. 用于干压成型的陶瓷粉料为何要造粒？
3. 陶瓷干压成型的压力是否越大越好？

5.3 莫来石质高温陶瓷材料的成型和烧结

一、实验目的

通过对不同氧化物加入量以及不同烧结制度条件下得到的样品性能的比较（密度、抗弯强度、断裂韧性等性能的测试），得到复合材料的最佳配方和最佳烧结制度，掌握烧结温度与烧结温度范围的测定原理和测定方法。

二、实验步骤

1. 坯料制备

(1) 按化学反应 $3Al_2O_3 + 2SiO_2 \longrightarrow 3Al_2O_3 \cdot 2SiO_2$ 的分子比，计算以氢氧化铝和石英粉为原料烧结 50 g 莫来石的用料配比。

(2) 按不同 MgO - PSZ(氧化镁部分稳定的氧化锆) 加入量(质量分数分别为 0、5%、10%、15%、20%) 每组完成 1 种配方,称重,在研钵内充分混匀(约 30 min)。

(3) 加入少许水玻璃,混匀。

2. 成型

(1) 在油压机上用钢模将粉末压制成尺寸为 7 cm × 7 cm × 60 cm 的试条毛坯。缓慢烘干备用。

(2) 测量试条尺寸(长 × 宽 × 高) 做好标记。

3. 烧结

(1) 根据原材料在烧结过程中可能发生反应的温度范围,制定出烧结莫来石复合陶瓷材料的烧结制度。

(2) 将试条直立放在氧化铝坩锅内,试条周围用氧化铝空心球隔开,装入高温电炉内。

(3) 按照电炉操作规程进行操作,按升温曲线进行烧结。

4. 测试

(1) 测量试条烧结后的尺寸并记录。

(2) 测试试条烧结后的气孔率、体积密度、吸水率、热震稳定性等指标。

三、实验报告

(1) 成型。莫来石原料配制计算;成型操作步骤。

(2) 烧结。原料在烧结过程中可能发生的物理、化学反应的类型和相应的温度段,设置的烧结制度(每段的升温速度和保温时间)。

(3) 各操作步骤相应的数据记录、实验中发生的现象、实验结果。

(4) 实验结果的分析。

四、思考题

1. 莫来石质陶瓷烧结过程中发生哪些反应?
2. 各种成型方法对制品性能有哪些影响?
3. 烧成温度及保温时间对制品性能有哪些影响?

5.4 气孔率、吸水率及体积密度的测定

一、实验目的

掌握气孔率、吸水率及体积密度的测定方法。

二、实验原理

气孔率、体积密度都要求测定体积,本实验根据阿基米德原理,用液体静力称重法进行测定。基本原理与真比重的测定方法相同,测定时先将试样开口空隙中的空气排出,充以液体(媒介液),然后称量饱和液体的试样在空气中的质量及悬吊在液体中的质量,根据公式计算得出上述各项。由于液体浮力的作用,两次称量的差值等于被试块所排开的同体积液体,此值

除以液体比重即得试块的真实体积。试块饱吸液体之前与饱吸液体之后，在空气中的二次称量差值，除以液体的比重即为试样开口孔隙所占体积，在按公式计算显气孔率时，液体比重已被约去。

欲使试块孔隙中的空气在短期内被液体代替，必须采取强力排气，常用煮沸法与抽真空法两种，煮沸法适用于与水不起反应的试样，与水起反应的试样和易被水分散的试块宜用抽真空的方法排出试块中的空气，用煤油浸填后，在煤油中称量，不受水影响的试块可用水浸填，在水中称量。

三、实验仪器与设备

液体静力天平；普通天平（感量0.01 g）；烘箱；抽真空装置；带有溢流管的烧杯；煮沸用器皿；毛刷、镊子、吊篮、小毛巾、三脚架。

四、实验步骤

（1）刷净试样表面灰尘，放入电热烘箱中于105 ~ 110 ℃下烘干2 h或在允许的更高温度下烘干至恒值，并于干燥器中自然冷却至室温，称量试样的质量m_1，精确至0.01 g。试样干燥至最后两次称量之差不大于其前一次的0.1%即为恒重。

（2）试样浸渍。把试样放入容器内，并置于抽真空装置中，抽真空至剩余压力小于20 mmHg（20 Torr）。试样在此真空度下保持5 min，然后在5 min内缓慢地注入供试样吸收的液体（工业用水或工业纯有机液体），直至试样完全淹没。再保持抽真空5 min，停止抽气，将容器取出在空气中静置30 min，使试样充分饱和。

（3）饱和试样表观质量测定。将饱和试样迅速移至带溢流管容器的浸液中，当浸液完全淹没试样后，将试样吊在天平的挂钩上称量，得饱和试样的表观质量m_2，精确至0.01 g。表观质量指饱和试样的质量减去被排出的液体的质量，即相当于饱和试样悬挂在液体中的质量。

（4）饱和试样质量测定。从浸液中取出试样，用饱和了液体的毛巾，小心地擦去试样表面多余的液滴（但不能把气孔中的液体吸出）。迅速称量饱和试样在空气中的质量m_3，精确至0.01 g。

（5）浸渍液体密度测定。测定在实验温度下所用的浸渍液体的密度，可采用液体静力称量法、液体比重天平法或液体比重计法，精确至0.001 g/cm³。

五、实验结果

1. 实验记录表（见表5.4.1）

表5.4.1 实验记录表

试样编号	干试样的质量m_1/g	饱和试样的表观质量m_2/g	饱和试样在空气中的质量m_3/g	吸水率W_a/%	显气孔率P_a/%	真气孔率P_t/%	闭口气孔率P_0/%	体积密度D_b/(g·cm^{-3})

2. 计算

吸水率为

$$W_a = (m_3 - m_1)/m_1 \times 100\% \tag{5.4.1}$$

显气孔率为

$$P_a = (m_3 - m_1)/(m_3 - m_2) \times 100\% \tag{5.4.2}$$

体积密度为

$$D_b = m_1 D_l/(m_3 - m_2) \tag{5.4.3}$$

真气孔率为

$$P_t = (D_t - D_b)/D_t \tag{5.4.4}$$

闭口气孔率为

$$P_0 = P_t - P_a \tag{5.4.5}$$

式中 m_1—— 干燥试样的质量;g;

m_2—— 饱和试样的表观质量;g;

m_3—— 饱和试样在空气中的质量;g;

D_l—— 实验温度下,浸渍液体的密度,g/cm^3;

D_t—— 试样的真密度;g/cm^3。

3. 实验精度要求

同一实验室,同一实验方法,同一块试样复验误差不允许超过:显气孔率为0.5%;吸水率为0.30%;体积密度为0.02 g/cm^3;真气孔率为0.5%。

六、注意事项

(1) 制备试样时一定要检查试样有无裂纹等缺陷。

(2) 称取饱吸液体试样在空气中的质量时,用毛巾抹去表面液体,操作必须前后一致。

七、思考题

1. 怎样描述陶瓷制品的烧成质量与吸水率、气孔率的关系?

2. 影响陶瓷制品气孔率的因素是什么?

5.5 陶瓷热稳定性的测定

一、实验目的

普通陶瓷材料由多种晶体和玻璃相组成,因此在室温下具有脆性,在外应力作用下会突然断裂。当温度急剧变化时,陶瓷材料也会出现裂纹或损坏。测定陶瓷的热稳定性可以控制产品的质量,为合理应用提供依据。

(1) 了解测定陶瓷材料热稳定性的意义、影响热稳定性的因素及提高热稳定性的措施。

(2) 掌握陶瓷材料热稳定性的测定原理及方法。

二、实验原理

陶瓷的热稳定性取决于坯釉料的化学成分、矿物组成、相组成、显微结构、制备方法、成型条件及烧成制度等因素以及外界环境。陶瓷内外层受热不均匀,坯釉的热膨胀系数差异而引起陶瓷内部产生应力,导致机械强度降低,甚至发生开裂现象。

一般陶瓷的热稳定性与抗拉强度呈正比,与弹性模量、热膨胀系数呈反比。而导热系数、热容、密度也在不同程度上影响热稳定性。

釉的热稳定性在较大程度上取决于釉的膨胀系数。要提高陶瓷的热稳定性,首先要提高釉的热稳定性。陶坯的热稳定性则取决于玻璃相、莫来石、石英、气孔的相对含量、粒径大小及其分布状况等。

陶瓷制品的热稳定性在很大程度上取决于坯釉的适应性,所以它也是带釉陶瓷抗后期龟裂性的一种反映。

陶瓷热稳定性测定方法一般是把试样加热到一定的温度,接着放入适当温度的水中,判定方法如下:

(1) 根据试样出现裂纹或损坏到一定程度时,所经受的热变换次数。

(2) 经过一定次数的热冷变换后机械强度降低的程度来决定热稳定性。

(3) 试样出现裂纹时经受的热冷最大温差来表示试样的热稳定性,温差越大,热稳定性越好。

本实验采用试样出现裂纹时,平均经受的热冷最大温差来表示试样的热稳定性。

三、实验器材

陶瓷热稳定性测定仪;烘箱;铁夹子;搪瓷盘。

四、实验过程

(1) 将 10 个合格的试样放入样品筐,并置于炉膛中。

(2) 连接好电源线、热电阻和接地线。

(3) 连接好进水管、出水管及循环水管。

(4) 向恒温水槽中注入水。

(5) 打开电源开关,指示灯亮,将炉温给定值及水温给定值调至需要位置(在水温控制中,下限控制压缩机、上限控制加热器,上限设定温度 ≤ 下限设定温度)。

(6) 打开搅拌开关,指示灯亮,搅拌机工作。

(7) 根据需要选择“单冷”“单热”或“冷热”。

①“单冷”即仪器只启动制冷设备,超过给定温度时,自动制冷至给定温度,自动停止。

②“单热”即仪器只启动加热设备,低于给定温度时,自动加热至给定温度,自动停止。

③“冷热”即当水温超过给定温度,仪器自动制冷,当水温低于给定温度,仪器自动加热,保证水温在所需温度处。

(8) 接好线路并检查一遍,接通电源以 2 ℃/min 的升温速率升温。

(9) 当温度达到测量温度时,保温 15 min(使试样内外温度一致)后,拨动手柄,使样品筐迅速坠入冰水中,冷却5 min。如没有冰水,使试样坠入冷水中。每坠入一次试样,就要更换一次水,使水温保持不变。

(10) 从水中取出试样,擦干净,不上釉和上白釉试样放在品红酒精溶液中,检查裂纹。上棕色釉试样放在薄薄一层氧化铝细粉的盘内,来回滚动几次或手持试样在氧化铝粉上擦几次,检查是否开裂(如开裂,表面有一条白色裂纹),并详细记录。将没有开裂的试样放入炉内,加热到下次规定的温度(每次间隔 20 ℃),重复实验至 10 个试样全部开裂。

(11) 在实验过程中,注意室内温度和水温的变化,做好记录。

五、数据处理

1. 实验记录(见表 5.5.1)

表 5.5.1　实验记录表

编号	测定次数	测定时		试样开裂温度 B/℃	试样开裂个数 G	平均开裂温度/℃	开裂温差 $(C=B-A)$/℃	平均开裂温差/℃	开裂温度范围/℃
		室温/℃	水温 A/℃						

2. 计算

平均开裂温差计算公式为

$$平均开裂温差 = \frac{C_1G_1 + C_2G_2 + \cdots}{Y} \tag{5.5.1}$$

式中　C_1、C_2—— 试样开裂温度差;℃;

G_1、G_2—— 在该温度差下试样开裂个数;

Y—— 每组试样个数。

六、影响因素分析

(1) 试样应光滑,无缺陷、堆釉现象。

(2) 炉内温度差应严格控制在±2 ℃。

(3) 重复实验前,应将试样表面的其他杂质清洗干净。

七、思考题

1. 影响测定材料热稳定性的因素及防止措施有哪些?
2. 测定各种玻璃陶瓷热稳定性的实际意义是什么?
3. 影响玻璃、陶瓷材料热稳定性的因素有哪些?

5.6　陶瓷机械强度的测定

一、实验目的

(1) 了解影响陶瓷材料机械强度的各种因素。

(2) 掌握陶瓷强度的测试原理与测试方法。

Ⅰ. 陶瓷抗拉强度的测定

二、实验原理

陶瓷材料中含有结晶颗粒、玻璃相及气孔，这使陶瓷结构中存在许多缺陷。特别是组成陶瓷材料的主要晶体和玻璃相多是脆性的，因此，陶瓷在室温下呈现脆性，在外力的作用下会突然断裂。

测定陶瓷材料抗拉强度有弯曲法、直接法、径向压缩法等多种方法。

弯曲法利用杆件试样做弯曲实验，可以求得抗拉强度值，但这种方法有缺陷，常因施加的应力分布不均匀，使测定值偏高；直接法将试样制成“8”字形或“哑铃”形，对试样直接施加拉伸负荷。但是，陶瓷是脆性材料，应变小，只要试样的负荷中心线有偏差，就会受到剪应力和弯应力的影响，使测定结果偏低。径向压缩法则是比较先进和科学的方法。

根据弹性理论，如在陶瓷圆柱体试样的径向平面沿着试样长度 L 施加两个方向相反且均匀分布的集中载荷 P，在承受载荷的径向平面上，将产生与该平面相垂直的左右分离的均匀拉伸应力。当这种应力逐渐增大到一定程度时，试样就沿径向平面劈裂破坏。这是径向压缩引起拉伸的基本原理。用这种方法测定时，试样的抗拉强度计算式为

$$\sigma_t = 2P/(\pi DL) \tag{5.6.1}$$

式中 σ_t—— 试样的抗拉强度，MPa；

P—— 试样破坏时的压力值，N 或 kgf；

D—— 圆柱体试样的直径，m 或 cm；

L—— 圆柱体试样的长度，m 或 cm。

三、实验器材

材料实验机；试样夹具；磨片机；游标卡尺。

四、试样的制备

(1) 按生产工艺条件制备直径(D) 为(20 ± 2) mm，长度(L) 为(20 ± 2) mm 的规整圆柱体试样 10 ~ 15 件。试样不允许有轴向变形。

(2) 将试样清洗干净，剔除有明显缺陷和有圆度误差的试样，干燥后待用。

五、测试步骤

(1) 按实验机的操作规程，选择量程，调校仪器。将两加压板校验平行。如加压板出现不平整，应加工使之平整。

(2) 将试样横放在加压板正中，两中心线与加压板之间垫衬厚为 1 mm 的马粪纸。

(3) 以 4×10^2 N/s(即 40 kgf/s) 的速度均匀加载，准确读取并记录实验破坏时的压力值。

六、实验记录与计算

1. 测定记录

将有关的测试数据记入表 5.6.1 中。

表 5.6.1　测试数据记录表

试样编号	受压面积 A $(D\times L)/cm^2$	最大压力测值 P/N	σ_t/MPa	舍弃情况	最终测定结果
1					
2					
…					

2. 结果计算

试样的抗拉强度按式(5.6.1)进行计算。在计算中,各种数据按修约规则处理,舍弃异常数据。以 5 个试样的平均值为抗拉强度的最终结果。

Ⅱ. 陶瓷抗压强度的测定

二、实验原理

测定陶瓷的抗压强度一般采用轴心受压的形式。陶瓷材料的破裂往往从表面开始,因此试样大小和形状对测量结果有较大的影响。试样的尺寸增大,存在缺陷的概率也增大,测得的抗压强度值偏低。因此,试样的尺寸应当小一点,以降低缺陷的概率,减小“环箍效应”对测试结果的影响。

实验证明,圆柱体试样的抗压强度略高于立方体试样的抗压强度。这是因为,在制取试样时,圆柱体试样的一致性优于立方体。圆柱体的内部应力较立方体均匀。在对试样施加压力时,圆柱体受压方向确定;而立方体受压方向难于统一确定,不同方向的抗压强度有差异。

此外,试样的高度与抗压强度有关,抗压强度随试样高度的降低而提高。因此,采用径高比为 1∶1 的圆柱体试样比较合适。

三、实验器材

材料实验机;试样夹具;磨片机;游标卡尺。

四、试样的制备

(1) 按生产工艺条件制备直径(D)为(20 ± 2) mm,高度(H)为(20 ± 2) mm 的规整样 10 件。试样上下两面在磨片机上用 100 号金刚砂磨料磨平整,试样上下两面的不平行度小于 0.010 mm/cm,试样中心线与底面的不垂直度小于 0.020 mm/cm。

(2) 将试样清洗干净,剔除有可见缺陷的试样,干燥后待用。

五、测试步骤

(1) 按实验机的操作规程,选择量程,调校仪器。将两加压板校验平行。如加压板出现不平整时,应加工使之平整。

(2) 将试样横放在加压板正中,两中心线与加压板之间垫衬厚为 1 mm 的马粪纸。

(3) 以 2×10^2 N/s(即 20 kgf/s)的速度均匀加载,准确读取试样一次性破坏(即压力计指针均匀连续移动,不因试样出现中间破裂而停顿)时的压力值,否则不予记录。

六、实验记录与计算

1. 测定记录

将有关的测试数据记入表5.6.2中。

表5.6.2 实验数据记录表

试样编号	受压面积A $(D\times L)/cm^2$	最大压力测值 P/N	σ_t/MPa	舍弃情况	最终测定结果
1					
2					
…					

2. 结果计算

$$\sigma_t = P/A \tag{5.6.2}$$

式中 σ_t—— 试样的抗压强度,MPa;

P—— 试样破坏时的压力值,N 或 kgf;

A—— 试样受压面积,m^2 或 cm^2。

在计算中,各种数据按修约规则处理,舍弃异常数据。以5个试样的平均值为抗压强度的最终结果。

Ⅲ. 陶瓷冲击韧度的测定

二、实验原理

陶瓷材料或制品的冲击韧度是衡量陶瓷抵抗动负荷的能力。陶瓷材料抵抗冲击的能力可用使试样损坏的外力所做的功来计量。使试样破坏的外力通常是重力,即落在试样上的金属球、梨形锤、摆锤的质量。外力作用物的形状及质量随各种仪器的不同而不同。

陶瓷是一种脆性材料,在检选加工搬运和使用过程中都要受到冲击力的作用,而且容易破损。陶瓷制品的抗冲击强度或冲击韧度同其他机械强度一样,与坯釉组成、成型方法、干燥烧成条件,以及试样表面状态、裂纹及其他缺陷等因素有关。测定冲击韧度,对于调整配方、改进工艺、产品包装、运输等均有指导意义。

试样尺寸采用厚度(4±0.2) mm,宽度(4±0.2) mm,长度不小于50 mm,或采用尺寸为4 mm×6 mm×50 mm,在中央开2 mm深的槽使断口截面为4 mm×4 mm的正方形。

三、仪器设备

冲击实验机;游标卡尺。

四、实验步骤

(1) 试样制备。在3件制品上切取比标准试样尺寸略大的毛坯10根,然后加工成标准试样。对于直接切取上述试样有困难的实验制品,可以用于生产工艺相同的制品制作试样。

(2) 试样必须研磨平整,不允许存在制样造成的缺边或裂纹。实验前,必须将试样表面杂质颗粒清除干净。

(3) 安装摆锤,校准仪器(参看仪器参考书)。

(4) 装好试样。

(5) 将摆锤提高到预扬角位置,释放摆锤使之自由下落,被试样冲断时,指针所指的能量值即为试样所吸收的冲击功。

五、实验记录与计算

1. 冲击韧度测定记录表(见表 5.6.3)

表 5.6.3 冲击韧度测定记录表

编号	断面(厚×宽)/m^2	断面截面积/m^2	试样吸收的冲击功/(N·m)	冲击韧度最终结果	支座跨距	数据舍弃情况

2. 计算

$$A_K = W/F \tag{5.6.3}$$

式中 A_K—— 冲击韧度,kJ/m^2 或 J/cm^2;

W—— 试样所吸收的冲击功,N·m;

F—— 试样断裂处横截面积,m^2。

六、注意事项

(1) 不论采用何种实验方法,都可以把破坏功换算成试样单位体积或单位面积上的功。只有在试样的形状尺寸完全相同时,各种实验所得的结果才能互相比较。

(2) 根据不同公式计算出来的破坏功的指标同样不能互相比较。

七、思考题

1. 陶瓷抗拉强度与抗压强度的区别是什么?

2. 讨论陶瓷抗拉与抗压过程中各部位的压力状态。

3. 影响冲击韧度的因素是什么?

4. 为什么陶瓷材料和陶瓷制品的抗冲击强度特别低(相对于抗压、抗折、抗拉强度而言)?

5.7 压电陶瓷介电性能测定

一、实验目的

(1) 了解电介质介电常数与介质损耗角正切值 tan δ 的概念和物理意义。

(2) 熟悉用 LCR 型电桥测量电容器的电容量及介质损耗角正切值的方法。

(3) 了解不同类型的介质材料的 tan δ 随频率的变化特性。

二、实验内容

(1) 使用 TH2810B 系列 LCR 型电桥。
(2) 测试压电陶瓷的介电常数。

三、实验(设计) 仪器设备和材料清单

TH2810B 系列 LCR 型电桥、压电陶瓷晶片、千分尺等。

四、实验原理

根据电介质理论,各种电介质在电场作用下都要发生极化过程,其宏观表现可以用电介质的介电系数来表征。不同类型的介质材料,由于发生极化的微观机制不同,不仅数值有明显差别,而且与频率的关系也有很大不同。同样地,由于产生介质损耗的来源不同,各类电介质的 tan δ 数值及其与频率的关系都表现出各不相同的特点。

实验时,选用要测定的电介质制成电容器作为测量样品,利用 LCR 电桥直接测定电容量和损耗角正切值的大小以及与频率的关系,研究介质的极化特性。在已知样品直径(d) 和电介质厚度(t) 的条件下,有

$$\varepsilon_r = 4Ct/(\pi\varepsilon_0 d^2) \tag{5.7.1}$$

式中 ε_r—— 相对介电介数;
C—— 电容,F;
t—— 样品厚度,m;
d—— 样品直径,m;
ε_0—— 真空介电常数,$\varepsilon_0 = 8.85 \times 10^{-12}/(\mathrm{F \cdot m^{-1}})$。

测试不同频率下电介质的介电系数和损耗角正切值 tan δ 常用电桥法,其工作原理如图 5.7.1 所示。将试样等效成电容 C_x 和电阻 R_x 并联,调节 R_4 和 C_n,使电桥平衡,根据平衡条件可求得

$$C_x = \frac{R_4}{R_3} \cdot C_n \tag{5.7.2}$$

$$\tan\delta_x = \omega C_4 R_4 \tag{5.7.3}$$

改变测试频率,可获得不同频率下的介电系数和损耗角正切值,其中 C_n、R_3 为已知标准平衡元件。

五、实验步骤

利用 TH2810B 系列 LCR 型电桥测试。
(1) 用游标卡尺测量样品的厚度 t 和直径 d。
(2) 开启 LCR 测试仪的电源,预热 10 min。
(3) 选择所需的测量参数:C/d。
(4) 选择测试信号电压:0.3 V。
(5) 连接测试夹具,把仪器提供的镀金短路板接于测试夹具,对仪器执行短路清零。

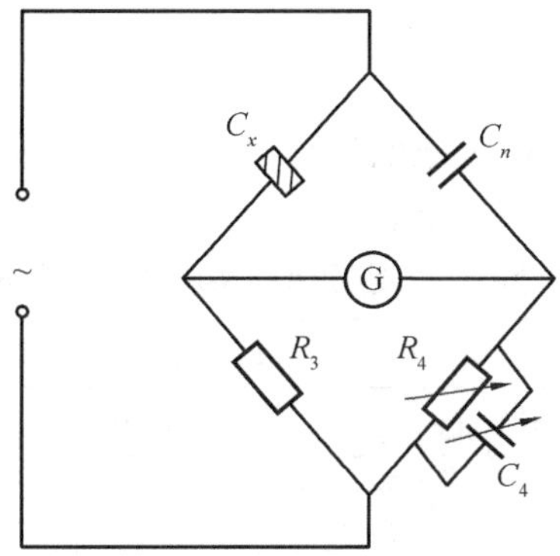

图 5.7.1　电桥法测试原理

① 按"→""←" 键到"清零" 功能项。

② 按"↓""↑" 键选择"短路" 参数,此时仪器显示"CLEAr" 和"SH"。

表示若按"启动" 键仪器将进行短路清零。

③ 使用短路片将测试端可靠短路。

④ 按"启动" 键仪器进行短路清零,其后"清零" 参数转至"开路",且功能项自动转至"参数",退回到测试状态。

(6) 去掉短路板,对仪器执行开路清零。

① 按"→""←" 键到"清零" 功能项。

② 按"↓""↑" 键选择"开路" 参数,此时仪器显示"CLEAr" 和"OP"。

表示若按"启动" 键仪器将进行开路清零。

③ 将仪器测试端可靠开路。

④ 按"启动" 键仪器进行开路清零,其后功能项自动转至"参数",退回测试态。

(7) 连接测试电缆(注意:红线接"HD,HS",黑线接"LS,LD")。

(8) 将待测陶瓷片连接于测试端,改变测试频率,由低到高(100 Hz、120 Hz、10 kHz、1 kHz),分别记录下电容量(显示器 A) 和损耗角正切值(显示器 B)。

六、实验报告要求

实验目的;实验内容;实验设备(仪器),材料;实验原理;实验步骤;实验数据测试与记录;实验结果与分析(绘出被测电容器的电容量、介电系数及 tan δ 的频率特性,并对所得曲线进行理论分析)。

七、考核形式

书面实验报告与实际操作相结合。

八、注意事项

(1) 压电陶瓷片易碎,测试时要小心。

(2) 改变测试频率后,应该重新进行清零。

九、思考题

在测量固体电介质的相对介电常数的过程中,能否移动或接触测量导线？为什么？

表5.7.1为频率特性实验数据记录表。

表5.7.1 频率特性实验数据记录表

电介质厚度/m		电介质直径/m	
测试频率/Hz	电容量/F	损耗角正切值	介电系数/($F\cdot m^{-1}$)

5.8 玻璃的熔制实验

一、实验目的

(1) 在实验室条件下进行玻璃成分的设计、原料的选择、配料计算、配合料的制备,用小型坩埚进行玻璃的熔制、玻璃试样的成形等,完成一整套玻璃材料制备过程的基本训练。

(2) 了解熔制玻璃的设备及其测试仪器,掌握其使用方法。

(3) 观察熔制温度、保温时间和助熔剂含量对熔化过程的影响。

(4) 根据实验结果分析玻璃成分、熔制制度是否合理。

二、实验原理

玻璃材料高温制备中的物理过程主要有原料吸附水的蒸发,某些组分的挥发、晶型转变以及某些组分的熔化等。化学过程主要有某些组分加热后排除结晶水、盐类的分解、各组分之间的化学反应及硅酸盐的形成。物理化学过程主要指一些物料间的固相反应,共熔体的产生,各组分间的互相熔融,物料、玻璃液相与炉内气体以及耐火材料之间的相互作用等。玻璃熔制过程中,共熔体的产生、互熔等,要在很高的温度下才显著发生。

在实际生产中,玻璃熔制是关键环节。玻璃的熔制实验是一项很重要的实验。在教学、科研和生产中,往往需要设计、研究和制造玻璃的新品种,或者对传统的玻璃生产工艺进行某种改革。在这些情况下,为了寻找合理的玻璃成分、了解玻璃熔制过程中各种因素所产生的影响、摸索合理的熔制工艺制度、提出各种数据以指导生产实践等,一般都要先做熔制实验,制取玻璃样品,再对样品进行各种性能测定,判断各种性能指标是否达到预期的要求。如此反复进行,直至找到玻璃的最佳配方,满足各种性能要求为止。

玻璃的熔制过程相当复杂,包括一系列物理的、化学的、物理化学的现象和反应。物理过程指配合料加热时水分的排除、某些组成的挥发、多晶转变以及单组分的熔化过程。化学过程指各种盐类被加热后结晶水的排除、盐类的分解、各组分间的互相反应以及硅酸盐的形成等过程。物理化学过程包括物料的固相反应,共熔体的产生,各组分生成物的互熔,玻璃液与炉气之间、玻璃液与耐火材料之间的相互作用等过程。

有了这些反应和现象,由各种原料通过机械混合而成的配合料才能变成复杂的、具有一定物理化学性质的熔融玻璃液。应当指出,这些反应和现象在熔制过程中常常不是严格按照某些预定的顺序进行的,而是彼此之间有相互密切的关系。例如,在硅酸盐形成阶段中伴随玻璃形成过程,在澄清阶段中同样包含有玻璃液的均化。为便于学习和研究,常可根据熔制过程中的不同实质分为硅酸盐的形成、玻璃的形成、玻璃液的澄清、玻璃液的均化、玻璃液的冷却五个阶段。

纵观玻璃熔制的全过程,就是把合格的配合料加热熔化使之成为合乎成型要求的玻璃液。其实质就是把配合料熔制成玻璃液,把不均质的玻璃液进一步改善成均质的玻璃液,并使之冷却到成型所需要的黏度。因此,也可把玻璃熔制的全过程划分为两个阶段,即配合料的熔融阶段和玻璃液的精炼阶段。

三、实验器材

高温电炉;高铝坩埚;研钵一个;料勺若干;分析天平;坩锅钳,石棉手套;浇注玻璃样品的模具;退火用马弗炉;化工原料:石英砂(SiO_2)、纯碱(Na_2CO_3)、碳酸钙($CaCO_3$)、碳酸镁($MgCO_3$)、氢氧化铝[$Al(OH)_3$]等。

四、实验步骤

1. 玻璃成分的设计

首先,要确定玻璃的物理化学性质及工艺性能,并依此选择能形成玻璃的氧化物系统,确定决定玻璃主要性质的氧化物,然后确定各氧化物的质量分数。玻璃系统一般为三组分或四组分,其主要氧化物的质量分数往往要达到90%。此外,为了改善玻璃某些性能,还要适当加入一些既不使玻璃的主要性质变坏,同时又使玻璃具有其他必要性质的氧化物。因此,大部分工业玻璃都是五六个组分以上。

相图和玻璃形成区域图可作为确定玻璃成分的依据或参考。在应用相图时,如果查阅三元相图,为使玻璃有较小的析晶倾向,或使玻璃的熔制温度降低,成分上就应当趋向于取多组分,选取的成分应尽量接近相图的共熔点或相界线。在应用玻璃形成区域图时,应当选择离开析晶区与玻璃形成区分界线较远的组成点,使成分具有较低的析晶倾向。

为使设计的玻璃成分能在工艺实践中实施(即能进行熔制、成型等工序),必须要加入一定量的促进熔制、调整料性的氧化物。这些氧化物用量不多,但工艺上却不可少。同时还要考虑选用适当的澄清剂。在制造有色玻璃时,还须考虑基础玻璃对着色的影响。

以上各点是相互联系的,设计时要综合考虑。当然,要确定一种优良配方不是一件简单的工作,实际上,为成功地设计一种具有实用意义,符合预定物化性质和工艺性能的玻璃成分,必须经过多次熔制实践和性能测定,对成分进行多次校正。

本实验给出两种易熔的 $Na_2O-CaO-SiO_2$ 系统玻璃配方,学生可根据自己的需求进行修改。易熔玻璃的成分见表5.8.1。

表5.8.1 易熔玻璃的成分(质量分数) %

配方编号	SiO_2	CaO	MgO	Al_2O_3	Na_2O
1	71.5	5.5	1	3	19
2	69.5	9.5	3	3	15

2. 熔制温度的估计

玻璃成分确定后，为了选择合适的高温炉和便于观察熔制现象。应当估计一下熔制对于玻璃形成到砂粒消失这一阶段的熔制温度，可按 M. Volf 速度常数公式进行估算，即

$$\tau = \frac{m(SiO_2) + m(Al_2O_3)}{m(Na_2O) + m(K_2O) + \frac{1}{2}m(B_2O_3) + \frac{1}{3}m(PbO)} \tag{5.8.1}$$

根据熔制温度与熔化温度的关系（见表 5.8.2），可大致确定该玻璃的熔制温度。

表 5.8.2 熔制温度与熔化温度的关系

τ	6.0	5.5	4.3	4.2
T/℃	1 450 ~ 1 460	1 420	1 380 ~ 1 400	1 320 ~ 1 340

3. 玻璃原料的选择

在玻璃生产中选择原料是一件重要的工作，不同玻璃制品对原料的要求不尽相同，但有些共同原则：

（1）原料质量应符合技术要求，原料的晶位高、化学成分稳定、水分稳定、颗粒组成均匀、着色矿物（主要是 Fe_2O_3）和难熔矿物（主要是铬铁矿物）要少，便于调整玻璃成分。

（2）适于熔化和澄清。

（3）对耐火材料的侵蚀小。

玻璃熔制实验所需的原料一般分为工业矿物原料和化工原料。在研制一种新玻璃品种时，为了排除原料中的杂质对玻璃成分波动的影响，尽快找到合适的配方，一般都采用化工原料（化学纯或分析纯，也有用光谱纯）来做实验。本实验选用化工原料。

当实验室研究完成，用化工原料熔制出的新型玻璃已满足各种性能要求时，进行中试和工业性实验。为了适应工业性生产的需要，需采用工业矿物原料进行熔制实验，以观察带入杂质后对玻璃的影响。

4. 配料计算

根据玻璃成分和所用原料的化学成分进行配合料的计算。在计算时，应认为原料中的气体物质在加热过程中全部分解逸出，而其分解后的氧化物全部转入玻璃成分中。此外，还须考虑各种因素对玻璃成分的影响，如某些氧化物的挥发、损失等。

由于计算每批原料量时，要根据坩埚大小或欲制得玻璃的量（考虑各性能测试所需数量）来确定。本实验以制得 100 g 玻璃液来计算各种原料的用量，在计算每种原料的用量时，要求计算到小数点后两位（见表 5.8.3）。

表 5.8.3 原料（假设成分）成分（质量分数）表 %

原料名称	SiO_2	$CaCO_3$	$MgCO_3$	$Al(OH)_3$	Na_2CO_3
石英砂	99.78				
碳酸钙		99			
碳酸镁			99.5		
氢氧化铝				99.5	
纯碱					98.8

例:欲熔制100 g玻璃液所需碳酸镁的净用料量的计算方法如下:

$$MgCO_3 \longrightarrow MgO + CO_2$$

$$84.32 \qquad 40.32$$

$$x^1 \qquad 1$$

$$x^1 = 84.32 \times 1 \div 40.32 = 2.09(g)$$

$$\text{实际用量}: x = 2.09 \div 9.5\% = 2.1(g)$$

用类似方法可算出其他原料的用量,然后列出配料单(见表5.8.4)。

表5.8.4 配料单(质量分数) %

原料名称	石英砂	碳酸钙	碳酸镁	氢氧化铝	纯碱	合计
配合料1						
配合料2						

5. 配合料的制备

(1) 为保证配料的准确性,首先将实验用原料干燥或预先测定含水量。

(2) 根据配料单称取各种原料(精确到0.01)。

(3) 将粉状原料充分混合成均匀的配合料是保证熔融玻璃液质量的先决条件。为了使混合溶液均匀及防止配合料分层和飞料,将配合料中难熔原料(如石英砂等)先置入研钵中(配料量大时使用球磨罐),然后加助熔的纯碱等,预混合10 ~ 15 min,再将其他原料加入混合均匀。

本实验为小型实验,配合料量很小,只能在研钵中研磨混合,所以不考虑加水混合。

6. 熔制操作

(1) 检查电源线路。

(2) 把每种配合料分别装入三只高铝坩埚中。为防止坩埚意外破裂造成电炉损坏,可在浅的耐火匣钵底部垫以Al_2O_3粉,再将坩埚放入匣钵中,然后推入电炉的炉膛。给电炉通电,以4 ~ 6 ℃/min的升温速率升温到900 ℃。这种加料方法称为“常温加料法”。

(3) 在科研和生产中,玻璃熔制一般多采用“高温加料法”。即先将空坩埚放入电炉内,给电炉通电,以4 ~ 6 ℃/min的升温速率升温到加料温度(即900 ℃)后,再将配合料装入坩埚,保温0.5 h。

为了得到较多的玻璃料(样品),必须在此温度下多次加料,以充分利用坩埚的容积或减小配合料中低熔点物料的挥发。

(4) 最后一次加料并保温1 h后,从炉中取出两种配合料的坩埚各一只,放入已经加热到500 ~ 600 ℃ 的马弗炉中退火。

(5) 以3 ℃/min的升温速率,继续升温到1 200 ℃,保温1 h,从炉中取出两种配料的坩埚各一只放入马弗炉中退火。

(6) 以3 ℃/min的升温速率,继续升温到1 300 ℃,保温2 h。玻璃保温温度和保温时间因玻璃配方不同而不同,本实验的熔制温度在1 300 ~ 1 450 ℃ 之间,保温2 ~ 3 h,使玻璃液完成均化和澄清过程。对于硼酸酐等类含有高温下产气物质的配合料,则升温速度要降低,以防物料溢出。

对于未知熔制温度的新配方玻璃的熔制,可以根据有关文献初步确定玻璃的熔制温度,实验中可在此温度上下约100 ℃ 的范围内，每隔20 ~ 30 ℃ 各取出一只坩埚，据此确定玻璃的熔制温度和保温时间。

(7) 保温结束后，从炉中取出最后两种配合料的坩埚各一只，放入退火炉中退火，关上退火炉门，保温 10 min 后断电，让其自然冷却。

在实验室中，玻璃的成型一般采用“模型浇注法”或“破埚法”。在完成上述熔制后，连同坩埚一起冷却并退火，冷却后再除去坩埚，得到所需要的试样的方法是“破埚法”。将完成熔制的高温玻璃液，倾注入经预热过的金属或耐火材料模具中，然后立即置入预热至 500 ~ 600 ℃ 的马弗炉中，按一定的温度制度缓慢降温的方法则是“模型浇注法”。浇铸成一定形状的玻璃可以作为理化性能和工艺性能测试用的样品。

(8) 将最后的坩埚从硅碳棒电炉中取出之后，将电炉的通电电流调至最小，关闭控制器电源，再拉闸停电，让电炉自然降温。

五、结果分析

待装有玻璃的坩埚冷却到室温后，用小铁锤尖端敲打坩埚底和内壁，使之裂成两半。研究所得的一半，观察坩埚中心、表面、底和周壁的硅酸盐形成、玻璃形成、熔透和澄清情况，气泡多少，未熔透颗粒数量，玻璃液表面有无泡沫、颜色、透明度及玻璃液的其他特征，此外，应仔细研究坩埚壁特别是玻璃液面上的侵蚀特征。

实验结果可按表 5.8.5 填写。

表 5.8.5　玻璃高温制备实验情况记录分析表

项目		最高熔制温度 /℃					
		900		1 200		1 300	
		1 号料	2 号料	1 号料	2 号料	1 号料	2 号料
保温时间 /h							
玻璃熔制情况分析	熔透程度						
	澄清情况						
	透明度及颜色						
	其他特征						
	坩埚侵蚀情况						
研究结论							

六、思考题

1. 玻璃熔制中，有高温加料和常温加料两种，哪一种更好？
2. 本实验拟定 900 ℃、1 200 ℃ 和 1 300 ℃ 拿出熔制玻璃的坩埚，有什么意义？
3. 在实际生产中如何制定玻璃的熔制制度？
4. 确定玻璃最高熔制温度和均化澄清时间的原则是什么？

5.9 玻璃透光率的测定

一、实验目的

(1) 了解玻璃透光率测定的原理。

(2) 了解玻璃的颜色、纯度及亮度与透过光的波长及数量的关系。

(3) 学习测定玻璃透光率的方法。

二、实验原理

光通过玻璃时,由于部分光能被玻璃吸收,因此透过玻璃的光能有所降低。

玻璃吸收了光能以后,组成中某些原子的电子被激发,从较低的能级(E_1)跃迁到较高的能级(E_2),若两能级的能量差($E_2 - E_1$)等于可见光(波长为400 ~ 760 nm)的能量,玻璃就呈现出颜色。若两能级的能量差($E_2 - E_1$)大于可见光的能量,玻璃一般是无色的。

不同波长的光具有不同的颜色,其光量子的能量也不相同。由于原子结构不同,电子跃迁的能级不同,对可见光中不同波长的光便产生了选择性吸收,对某些波长的光吸收强,而对另一些波长的光则吸收弱或不吸收,当自然白光照射有色玻璃时,因选择性吸收而使透过玻璃的光的组成发生了改变。有色玻璃所呈现的颜色实质上是被吸收光的补色(透过光的颜色)。因此,透过光的波长及数量决定了玻璃的颜色、纯度及亮度,是鉴定有色玻璃的重要依据。

物质对单色的吸收可以用 Beer - Lambert 定律予以定量说明:当一束强度为 I_0 的单色光通过有色玻璃时,由于选择性吸收,透射光的强度减弱为 I,$T = I/I_0$ 称为透光率,其值不大于1,常用百分数表示。根据 Beer - Lambert 定律,通过透光率与单色光波长的关系,透射光谱曲线可鉴定有色玻璃的颜色及确定合适的着色剂用量。

某些物质对可见光产生选择性吸收,使透射出来的光再通过棱镜时可以获得一组不连续光谱,称为吸收光谱,分光光度法就是根据吸收光谱原理建立的分析方法之一。它要求入射光接近于单色光。其谱带宽度不超过3 ~ 5 nm。因此,分光光度计都带有单色器。

三、仪器与材料

1. 材料

有色厚薄玻璃数块。

2. 仪器

UV - 9000 分光光度计采用自准式光路,波长范围为200 ~ 800 nm。

四、实验步骤

1. 试样制备

选择无缺陷的玻璃,裁切、研磨抛光成尺寸为50 mm × 14 mm × 2 mm的片状试样,用酒精擦洗,并用镜头纸擦净。

2. 测试步骤

(1) 打开 UV－9000 预热 30 min,计算机显示联机成功。

(2) 点击"T" 使波谱以透射比的方式来显示。

(3) 创建波长扫描,单击"扳手" 图标,弹出"扫描设置" 窗口,输入起始、终止波长,扫描间距和滤波次数后,单击"确定" 完成。

(4) 点击"B" 系统基线校正,点击"Z" 自动校准满刻度(校正时放入空白样品)。

(5) 将需要测量的样品放入玻璃槽位内,单击"开始" 扫描样品。

(6) 点击"保存" 保存当前测试。

(7) 导出数据:"主菜单" →"文件" →"导出数据" →单击弹出"另存为" 窗口,输入文件名,单击"保存" 存储样品值为" *. txt" 格式,单击"取消" 退出。

五、实验记录与要求

(1) 原始记录。

① 平板玻璃的透光率。试样的平均厚度;透光率。

② 玻璃的光密度。试样的厚度;各种试样在不同波长下的光密度。

(2) 将实验记录数据以透光率 T 为纵坐标,以单色光波长 λ(nm) 为横坐标,用描点法作出玻璃的透过光谱曲线。

六、思考题

1. 单色透光率和总透光率有何异同点? 它们之间有无联系?

2. 试样厚度为什么会对透光率产生影响?

5.10 玻璃内应力的测定

玻璃在受到机械外力(压力和拉力) 时,会产生内应力,一般随外力的去除而消失;热起源的应力可通过退火予以消除;而由于化学组成上存在着不均匀性时,产生的内应力却无法消除。只有通过改善熔制工艺,防止夹杂物等予以避免。

一、实验目的

(1) 了解消除玻璃内应力的方法。

(2) 了解退火温度及保温时间对玻璃性能的影响。

(3) 掌握使用双折射仪测定玻璃内应力的方法。

二、实验原理

具有内应力的玻璃不是均质体,在光学上呈现出双折射现象,因双折射的程度(即光程差大小) 与内应力的大小成正比,所以,可以通过测出光程差的大小来计算出内应力的值。

光程差的测量方法有观测法、干涉色比较法、补偿器测定法(应用双折射仪) 等,由于补偿器测定法能比较精密地测量,因此本实验采用此种方法。

补偿器测定法原理如图5. 10. 1 所示。由光源1 发生的白光通过毛玻璃片均匀照射到起偏镜,光线通过起偏镜后变成平面偏振光(假设其振动方向为垂直方向),当旋转检偏镜与之正交时,偏振光不能通过,因此观测者看到的是暗视场。若在光路中放入有应力的玻璃试样,该偏振光通过玻璃试样后被分解为具有光程差的水平偏振光和垂直偏振光。当两束偏振光通过 1/4 波片后,被合成为平面偏振光,但此时的平面偏振光的偏振面对起偏镜产生的平面偏振光的振动方向有一个 θ 角的旋转。此时,在视域场中就可以看到两条黑色条纹隔开的明亮区。旋转检偏镜,重新使玻璃试样中心变黑(此时由应力产生的双折射已被检偏镜补偿),根据检偏镜的角度差 θ,就可以计算玻璃的光程差。

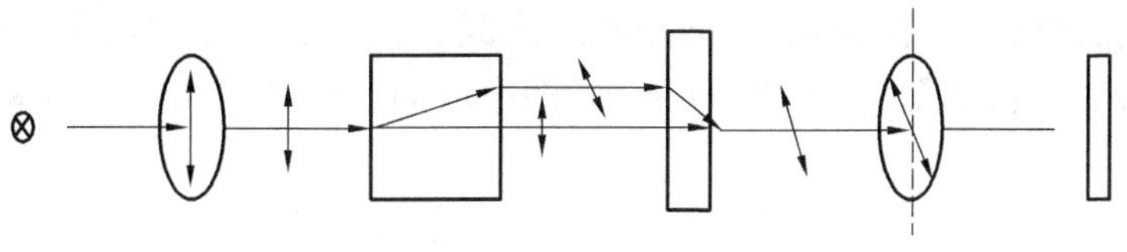

图 5.10.1 补偿器测定法原理图

1— 光源;2— 起偏镜;3— 有应力的玻璃试样;4—1/4 波片;5— 检偏镜;6— 分度盘

玻璃的光程差与偏转角 θ 值呈正比,即

$$R = \lambda\theta/\pi \tag{5.10.1}$$

式中 R—— 玻璃的光程差,nm;

λ—— 照射光源的波长,nm;

θ—— 分度盘旋转角度,(°);

π—— 弧度,$\pi = 180°$。

当以白光灯为光源时,$\lambda = 540$ nm,则

$$R = 3\theta \tag{5.10.2}$$

通常,用单位长度的光程差来表示玻璃的内应力

$$\delta = R/d \tag{5.10.3}$$

式中 δ—— 单位长度的光程差,nm/cm;

d—— 光在玻璃中的行程长度,cm。

玻璃内应力计算公式为

$$\sigma = \delta/B \tag{5.10.4}$$

式中 σ—— 单向应力,Pa;

B—— 应力光学常数,$B = 10^{-12}$ Pa^{-1}。

对于普通工业玻璃,$B = 2.55 \times 10^{-12}$ Pa^{-1}。这样就可由式(5.10.4)计算出玻璃的内应力值。

三、仪器设备

双折射仪一台,玻璃试样若干。

四、试样

(10 ~ 20)mm × (100 ~ 120)mm 长方条玻璃。

五、实验内容

(1) 调节双折射仪使检偏振片与起偏振片成正交消光位置,若有偏离应记下偏离角度 φ_0,转动补偿器(1/4 波长片度盘) 使之也置于“0” 位。

(2) 将试样放在载物台上,使抛光面与观测方向垂直,并使仪器视轴通过试样中央。

(3) 观察检偏器的视场,可以看到片状试样端面有两条平行的黑线,如图 5.10.2(a) 所示,而在黑线两侧有灰色背景,这就是双折射引起的干涉色,沿两条线的外侧是压应力,内侧是张应力。慢慢向反方向旋转检偏镜,在两条暗线之间就会形成一小间隙然后接触,使两条黑线集合成一条棕褐色的线,如图5.10.2(b) 所示,即由应力产生的双折射已被检偏镜补偿。记下旋转的角度 φ。

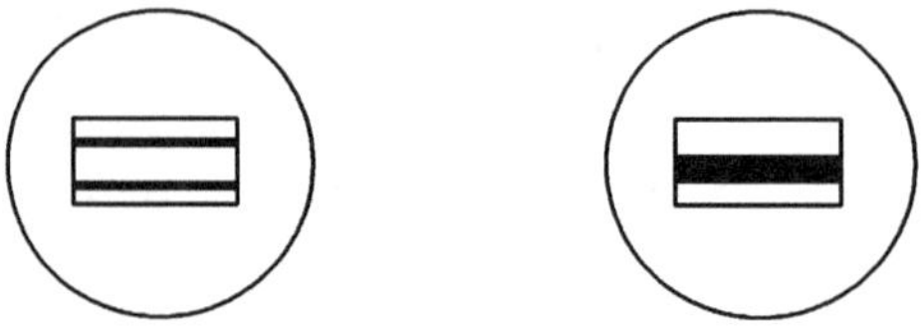
(a)　(b)

图 5.10.2　检偏镜视域

六、结果处理

应力测定的原始数据可按表 5.10.1 的形式进行记录。单位长度的光程差可按下式计算

$$\delta = 3(\varphi - \varphi_0)/d \tag{5.10.5}$$

式中　$(\varphi - \varphi_0)$—— 在引入玻璃试样前后检偏镜的旋转角度之差,(°)。

d—— 光通过试样内的行程长度(即试样的宽度,一般测其三点,取平均值),cm。

根据光程差计算试样中心的最大残余应力值。

表 5.10.1　测试结果汇总表

试样编号	试样尺寸 /cm		检偏镜刻度盘读数 /(°)		单位光程差 /(nm · cm^{-1})	应力值 /Pa
	厚度	宽度	无试样	有试样	$\delta = 3(\varphi - \varphi_0)/d$	$\sigma = \frac{\delta}{B} \times 10^{-7}$
	h	d	φ_0	φ		

七、思考题

1. 什么叫应力?
2. 玻璃的应力有几种?
3. 实际生产中应消除玻璃的哪种应力?

5.11 涂层制备工艺实验

一、实验目的

(1) 了解涂层材料制备的方法与设备。

(2) 掌握涂层材料制备的工艺、原理及影响因素。

二、实验原理

涂层材料是指厚度介于单原子到几毫米间的薄金属、有机物层或陶瓷层。涂层材料的制备方法主要包括以下几种:

(1) 浸渍提拉法(dip coating)是一种常用的制备涂层薄膜材料的方法,它是将整个洗净的基板浸入预先制备好的溶胶之中,然后以精确控制的均匀速度将基板平稳地从溶胶中提拉出来,在黏度和重力作用下基板表面形成一层均匀的液膜,紧接着溶剂迅速蒸发,于是附着在基板表面的溶胶迅速凝胶化而形成一层凝胶膜。主要过程包括:① 将基底材料浸没于膜材料溶液或前驱体溶液中;② 控制速度提拉基底材料使溶液在基底上沉积成膜;③ 对基底上涂敷的薄膜进行烘干或烧结等工艺处理。

(2) 旋转涂敷法(spin coating)利用高速旋转所产生的离心力将滴加在平整基底表面的材料溶液或前驱体溶液均匀涂敷在整个基底表面,经烘干或烧结工艺处理后,得到涂敷均匀的涂层薄膜。旋转涂敷法可以通过控制基底的转速来控制薄膜的厚度。

(3) 电泳沉积法(electrophoretic deposition)是一种在工业上得到广泛应用的、在导电基底材料上制备涂层薄膜的方法。其原理是溶液或胶体中带电粒子在电场的作用下沉积到电极表面,形成涂层薄膜。

(4) 化学气相沉积法(Chemical Vapor Deposition,CVD)是反应物在高温、气态条件下发生化学反应,生成的固态物质沉积在加热的固态基体表面,进而制得涂层薄膜材料的工艺技术。

三、实验设备

本实验的实验设备主要为恒温提拉涂膜机。

恒温提拉涂膜机是专门为制备液相外延涂层薄膜而设计,可以为不同液体通过垂直提拉生长涂层薄膜。且工件提拉外延时,是在恒温温度场内进行的。

四、实验步骤

1. 前驱体溶胶的制备

(1) 称取 10 g $Fe(NO_3)_3 \cdot 9H_2O$,并按照 $n(Ni^{2+}) : n(Fe^{3+}) = 1 : 2$ 比例,称取一定量 $Ni(NO_3)_2 \cdot 6H_2O$,全部溶于 100 mL 去离子水中。

(2) 搅拌状态下,加入一定量的柠檬酸(柠檬酸与金属离子的物质的量比均为 1 : 1)。

(3) 柠檬酸溶解后,在搅拌状态下向其中加入 15 mL 浓氨水,调节前驱体溶液 pH 至中性。

(4) 将前驱体溶液在 70 ~ 80 ℃ 下搅拌不同时间,形成不同浓度的均一溶胶。

2. 亲水玻璃基片的制备

(1) 配置1 mol/L的NaOH、1 mol/L的HCl溶液，将玻璃基片用酒精清洁处理后，在NaOH溶液中浸泡30 ~ 40 min，去离子水洗净，玻璃基片于HCl溶液中浸泡10 ~ 20 min，去离子水洗。这时玻璃基片具有亲水性，能够结合一定厚度的溶胶层，将玻璃基片放于50 ℃烘箱中干燥备用。

(2) 用一定浓度浓硫酸与H_2O_2混合($V(H_2SO_4)/V(H_2O_2)=7:3$)，将经清洁处理的玻璃基片浸泡在混合液中，电炉加热到不冒泡为止，完成基片的羟基化；去离子水冲洗，70 ℃油酸浸泡4 h，酒精冲洗，$KMnO_4$(10 g/mL)室温下浸泡4 h，完成羧基化处理，此时基片具有较好的亲水性。

(3) 将玻璃基片在一定浓度的HF溶液中进行轻微腐蚀，使玻璃基片表面具有一定的粗糙程度。

(4) 将玻璃基片浸于溶胶中于较高温度(240 ℃)下进行热处理。

3. 涂层薄膜制备

(1) 将整个洗净的经亲水处理的玻璃基片浸于预先制备好的不同浓度的溶胶之中，然后以不同的均匀速度将基板平稳地从溶胶中提拉出来，在黏度和重力作用下基板表面形成一层均匀的液膜。

(2) 将干燥后完成的涂层薄膜分别于300 ℃、350 ℃、400 ℃和450 ℃的不同温度下晶化。

五、实验数据记录

将实验数据值填入表5.11.1。

表5.11.1　实验数据记录

序号	提拉速度	提拉次数	晶化温度

六、思考题

1. 涂层薄膜材料制备的方法有哪些？
2. 影响涂层薄膜厚度的因素有哪些？

5.12　材料显微硬度的测定

一、实验目的

(1) 了解无机非金属材料显微硬度测试的意义。
(2) 了解影响无机非金属材料显微硬度的因素。
(3) 掌握显微硬度测试的原理与方法。

二、实验原理

一般硬度测试的基本原理是：在一定的时间间隔内，施加一定比例的负荷，把一定形状的硬质压头压入所测材料表面,然后测量压痕的深度或大小。

习惯上把硬度实验分为两类:宏观硬度和显微硬度。宏观硬度是指采用1 kgf(9.81 N)以上负荷进行的硬度实验。显微硬度是指采用1 kgf或小于1 kgf负荷进行的硬度实验。

由于无机非金属材料硬而脆,不能使用过大的测试负荷,一般采用显微硬度测试表示。显微硬度测试是用努氏金刚石角锥压头或维氏金刚石压头来测量材料表面的硬度。

(1) 努氏金刚石压头是一个对面角分别为172°30′和130°,顶端横刃不大于1 μm的菱形四面锥体,在规定的荷重下,在压头接触试样前开始,以(0.20 ± 0.05) mm/min的低速压入试样表面,并使压头与试样保持接触20 ~ 50 s,卸载后,测量压痕的长对角线长。努氏硬度(KHN)值是所施加的负荷P与永久压痕的投影面积S之比,即

$$\mathrm{KHN} = P/S = P/9.81CL^2 \tag{5.12.1}$$

式中 P—— 所施加的负荷,N;

S—— 永久压痕的面积,mm^2;

C—— 压痕裂纹扩展长度;

L—— 压痕长对角线的长度,mm。

由于努氏压头具有的特异形状,压痕为一长短对角线近似为1∶7的菱形。根据压头的几何形状可知,使用较轻的负荷就能压印出一个可以清晰测量的菱形压痕。因此,不管是硬质材料还是易碎材料的硬度实验,均可采用努氏压头。努氏压头测试材料硬度的压痕深度约为其长对角线长度的1/30。

(2) 维氏金刚石压头是将压头磨成正四棱锥体,其相对两面夹角为136°。维氏显微硬度值是所施加的负荷(kgf)除以压痕的表面积(mm^2)。

采用维氏金刚石压头时,其压痕深度约为对角线长度的1/7。维氏硬度的计算公式为

$$\mathrm{HV} = \frac{2P \cdot \sin\theta/2}{l^2} = \frac{1\,854P}{l^2} = \frac{1\,854P}{9.81l^2} \tag{5.12.2}$$

式中 l—— 压痕对角线长的平均值,mm;

θ—— 金刚石压头相对面的夹角(136°)。

为了精确测量努氏和维氏金刚石压痕的对角线长度,压痕必须清晰可见。压痕清晰实际上是衡量试样表面制备质量的一个标准。一般来说,实验负荷越轻,所要求的表面光洁度就越高。当使用100 gf(0.981 N)以下负荷实验时,试样应进行金相抛光。同时,要求测量显微镜所测压痕长度的误差应小于0.000 5 mm。

三、实验器材

HV - 1000型数显显微硬度计由实验机主体、工作台、升降丝杠、加载系统、软键显示操作面板、高倍率光学测量系统等部分组成(见图5.12.1)。通过软键输入,能调节测量光源强弱,预置实验力保持时间,维氏和努氏实验方法切换。在软键面板上的LCD显示屏上,能显示实验方法、测试力、压痕长度、硬度值、实验力保持时间、测量次数等,并能键入测试时间。

四、试样制备

HV - 1000型数显显微硬度计可测定微小、薄形试件,表面渗镀层试件的显微硬度和玻璃、陶瓷、玛瑙、宝石等脆性材料的显微硬度。

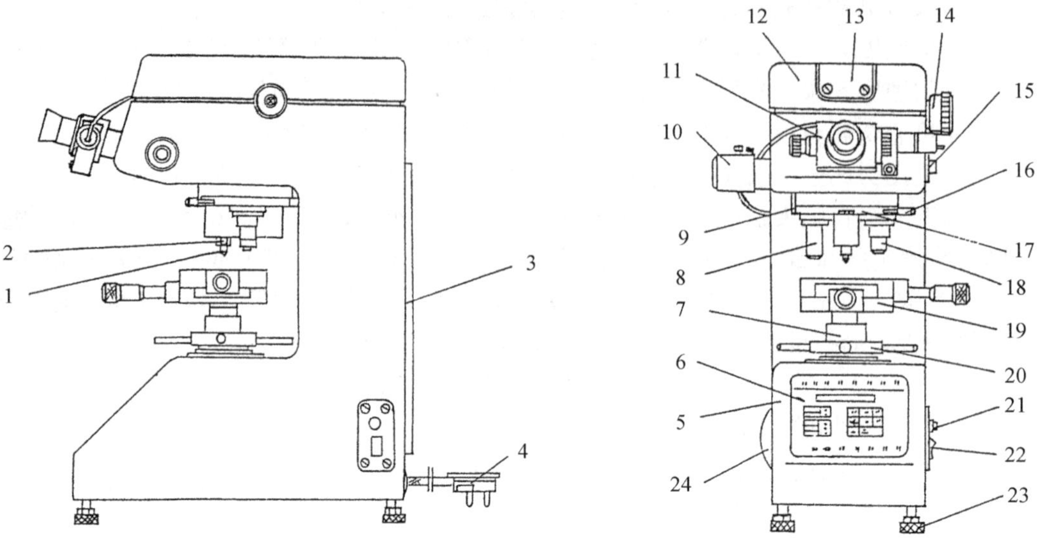

图 5.12.1　HV－1000 型数显显微硬度计外观图

1— 压头;2— 压头螺钉;3— 后盖;4— 电源插头;5— 主体;6— 显示操作面板;7— 升降丝杆;8—10 × 物镜;9— 定位弹簧;10— 测量照明灯座;11— 数字式测微目镜;12— 上盖;13— 照相接口盖;14— 实验力变换手轮;15—照相、测量转换拉杆;16—物镜、压头转换手柄;17—转盘;18—40 × 物镜;19—十字试台;20— 旋轮;21— 电源指示灯;22— 电源开关;23— 水平调节螺钉;24— 基座

应选择成分均匀、表面结构细致和平整度好的样品为待测试样。表面粗糙不平或平整度差的试样,由于压痕会或多或少地发生变形,因此会引起测量误差。

用切割工具切割试样(试件最大高度 65 mm,试件最大宽度 95 mm),擦净测量面待用。

五、实验步骤

(1) 转动实验力变换手轮,选择符合要求的实验力。旋转变换手轮时,应动作缓慢,防止动作过快产生冲击。

(2) 打开电源开关,LCD 屏上显示实验力变换手轮所选择的实验力。

(3) 转动 40 × 物镜、压头转换手柄,使 40 × 物镜处于主体前方。(光学系统总放大倍率为 400 ×)

(4) 将标准硬度试块(或被测试块) 安放在试样台上,转动旋轮使试样台上升,眼睛接近测微目镜观察。当标准试块或试样离物镜下端 2 ~ 3 mm 时,目镜的视场中央出现明亮的光斑,说明聚焦面即将出现,此时应缓慢微量上升,直至在目镜中观察到试块(样) 表面的清晰成像。此时聚焦过程完成。

(5) 如果目镜中的成像呈模糊状或一半清晰一半模糊,则说明光源偏离系统光路中心,需调节灯泡的位置。视场亮度可通过操作面板上的软键来调节。

(6) 如果想在目镜中获得较大的视场,可将物镜、压头转换手柄逆时针转至主体前方,将光学系统的放大倍率调为 100 ×。转换 10 × 和 40 × 物镜时,聚焦面发生变化,可调节升降丝杠。聚焦时建议在 40 × 物镜下进行。

(7) 将压头转换手柄逆时针转动,使压头主轴处于主体前方,此时压头顶尖与焦平面间的间隙为0.4 ~ 0.5 mm。当测量不规则的试样时,一定要注意不要使压头碰及试样,以免造成压头损坏。

(8) 根据实验要求键入需要的实验力延时保荷时间。

(9) 按下"START" 键,此时加实验力,(LOADING)LED 指示灯亮。实验力施加完毕,延时(DWELL)LED 亮,屏上 T 按所选定时间倒计时,延时时间到,实验力卸除,卸力指示(UNLOADING)LED 亮。在 LED 未灭前,不得转动压头转换手柄,否则会影响压痕测量精度,甚至损坏仪器。

(10) 将压头转换手柄顺时针转动,使 40 × 物镜处于主体前方,这时可在目镜中测量压痕对角线长度。

(11) 在测量前,先将测微镜右边的鼓轮顺时针旋转,使目镜内的两刻线边缘相近移动。当两刻线边缘相近时,透光缝隙逐渐减小,当两刻线间处于无光隙的临界状态时,按下"CL"键清零。

(12) 先转动左侧鼓轮,使左边刻线对准压痕一角,再转动右侧鼓轮,两刻线分离,使右侧刻线对准压痕另一角。当刻线对准压痕对角线无误时,按下测微目镜下方的按钮输入,并在显示屏的 D1 后显示。

(13) 右侧鼓轮转动时,LCD 屏上 D1 后的数字闪烁,表示结果还未输入,当结果输入后,光标转入 D2。按上述方法测试另一对角线的长度,此时,LCD 屏 HV 值就同时显示。在进行努氏硬度测量时,只需测试对角线的长度,HK 硬度值就立即显示。在进行维氏硬度测量时,为了减小误差,应在两条垂直的对角线上测量,取其算术平均值。

六、注意事项

1. 金刚石压头

(1) 金刚石压头和压头轴是仪器的精密的零件,因此在操作的整个过程中都要十分小心,除施压测试时外,其他时间都不要触及压头。仪器在测量状态下,请不要施加实验力,如不小心按"START" 键,这时不能去动仪器的其他部分,只有等待实验力施加完毕后,才能去动。

(2) 压头应随时保持清洁,有油污或灰尘时,可用软布或脱脂棉蘸酒精或乙醚小心擦拭。

(3) 压头安装时,应将压头上的红点对准正前方,此时压痕对角线和红点呈一线。

2. 测微目镜

(1) 由于各人观察目镜中的刻线存在着视差,在更换观测者时,应微量调节焦距,使观察到的视场内的刻线内侧清晰。

(2) 当测量压痕对角线90°转动目镜视,注意测微目镜要紧贴目镜管,不能留有间隙,否则会影响测量的准确性。

3. 显微镜光源

(1) 光源照明灯的中心位置将直接影响压痕的成像质量。如果像质模糊或光亮不均匀,可小心调节三个调节螺钉,使灯泡中心位置与光学中心位置一致。

(2) 光线强弱可通过面板软键"LIGHT +" 或"LIGHT -" 来调节,使视场光线柔和,反差适中。

4. 试样

(1) 试样表面必须清洁。如表面沾有油污,可用汽油、酒精或乙醚等擦拭。

(2) 当试样为细丝、薄片或小件时,可分别使用相应的夹持台夹持后,再放在十字试台上进行实验。如试样小到无法夹持，则可将试样镶嵌抛光后再进行实验。

5. 环境要求

本仪器应安装在远离灰尘、震动、腐蚀性气体，室温不应超过(20±5) ℃，相对湿度不大于65% 的环境中。当光线零件沾有灰尘时，可用电吹风吹去或用软毛笔小心拭去。若沾上污秽可用脱脂棉或镜头纸蘸少许酒精轻轻擦拭。

七、实验数据记录及处理

将实验数据填入表 5.12.1。

表 5.12.1 实验记录和计算

试样名称				
实验力				
作用时间				
测定点编号	N1	N2	N3	N4
压痕对角线长度 D_1				
压痕对角线长度 D_2				
硬度计算值 HV				
硬度最大值				
硬度最小值				
硬度平均值				
实验误差				

八、思考题

1. 材料硬度测试有几种方法？它们的适用对象是什么 ？
2. 两种显微硬度测试方法的异同是什么？
3. 影响材料硬度测试准确性的因素是什么？

5.13 材料断裂韧性的测量

一、实验目的

(1) 了解无机非金属材料断裂韧性测试的意义。
(2) 学习断裂韧性测试的原理与方法。

二、实验原理

断裂韧性强度是定量地确定材料压痕裂纹及扩展阻力的重要参数。为了测定材料的 K_{IC} 值，首先应测出压痕裂纹扩展对于应力的响应，然后根据线性弹性断裂力学理论，就能较容易地计算出 K_{IC} 值；在许多测量方法中，压痕法被认为是一种简单、方便、可行的测量方法；直接压痕法仅需在试样表面上较小的区域内进行抛光，使用标准压力装置制造出多种几何形状的压痕(人工缺陷),在光学显微镜下测出裂纹扩展的长度,根据不同的材料选择合适的公式计算出不同载荷下的 K_{IC} 值。

测试试样表面先抛光成镜面,在抛光表面用硬度计的锥形金刚石压头产生一压痕,这样在压痕的四个顶点就产生了预制裂纹。根据压痕载荷 P 和压痕裂纹扩展长度 C 计算出断裂韧性数值(K_{IC})。计算公式为

$$K_{IC} = 0.004\,985 \cdot \left(\frac{E}{HV}\right)^{1/2} \cdot \frac{P}{C^{3/2}} (MPa \cdot m^{1/2}) \tag{5.13.1}$$

式中 K_{IC}—— 断裂韧性值,$MPa \cdot m^{\frac{1}{2}}$;

E—— 弹性模量,对于 Si_3N_4 系统 $E = 300$ GPa;

HV—— 维氏硬度,GPa;

P—— 压痕载荷,GPa。

三、实验器材

HV - 1000 型数显显微硬度计。

四、实验步骤

(1) 将抛光试样在维氏硬度计上测定维氏硬度值。

(2) 在光学显微镜下测量裂纹尺寸。

(3) 计算断裂韧性数值。

五、实验数据记录及处理

将实验数据填入表 5.13.1。

表 5.13.1 实验记录和计算

试样名称				
实验力				
作用时间				
测定点编号	N1	N2	N3	N4
裂纹长度 C				
硬度值 HV				
断裂韧性值 K_{IC}				
断裂韧性平均值				
实验误差				

六、思考题

1. 断裂韧性分散的原因是什么?
2. 在实验过程中主要注意事项有哪些?

5.14 材料热膨胀实验

一、实验目的

(1) 了解材料线膨胀系数测定的意义、方法。

(2) 了解 WTD2 智能型热膨胀仪的原理、结构和操作步骤。

(3) 初步掌握测试数据和曲线的分析方法。

二、实验原理

现代化大型工程,如高层建筑、铁路、桥梁、航空航天器件等,都是由多种复杂的材料构成,要经过酷暑寒冬甚至太空中的急剧温度变化,因此必须确切地掌握有关材料的热膨胀系数及其随温度变化的规律。

利用热膨胀方法对材料进行测定和研究称为"膨胀分析"。它不仅用于膨胀系数的测定,也是研究动态相变过程的有效手段,例如钢中过冷奥氏体的等温转变过程(TTT 曲线)和连续冷却转变过程(CCT 曲线)的测定,最常用的方法就是膨胀分析。在金属材料研究中,材料的结构转变、再结晶、时效固溶和沉淀析出,往往都伴随着体积的变化,因此可以用膨胀分析法来研究。又如粉末冶金中材料烧结致密度的评定,非晶体材料的软化温度的测定等,也可以用这一方法。

1. 线膨胀系数

线膨胀系数是指与单位温度变化对应的试样单位长度的线膨胀量,当温度从 T_1 变到 T_2 时,试样的长度相应地从 L_1 变到 L_2,则材料在该温度区间的平均线膨胀系数为

$$\alpha = (L_2 - L_1)/[L_1(T_2 - T_1)] = \Delta L/(L_1 \Delta T) \tag{5.14.1}$$

式中 α—— 线膨胀系数。

表 5.14.1 列出了一些常用材料的膨胀系数。

表 5.14.1 常用材料的膨胀系数

材料名称	温度 T /℃	线膨胀系数 α /($\times 10^{-6}$ K^{-1})	材料名称	温度 T /℃	线膨胀系数 α /($\times 10^{-6}$ K^{-1})
Al(99.97%)	200 ~ 100	23.6	Al_2O_3	0 ~ 1 000	8.8
锻 Al 4032	200 ~ 100	19.4	MgO	0 ~ 1 000	13.5
铸 Al A132	200 ~ 100	19.0	ZrO_2(稳定化)	0 ~ 1 000	10
铸 Al 220	200 ~ 100	25.0	ZrO	0 ~ 1 000	4.2
37 黄铜	20 ~ 300	20.3	SiC	0 ~ 1 000	4.7
铝青铜	20 ~ 300	16.8	石英玻璃	0 ~ 1 000	0.5
铍青铜	20 ~ 300	17.8	钠钙硅玻璃	0 ~ 1 000	9.0
20 号钢	20 ~ 100	11.7	硬质瓷	0 ~ 1 000	6
40 号钢	20 ~ 100	11.3	黏土耐火材	0 ~ 1 000	5.5

2. 体膨胀系数

体膨胀系数是指与单位温度变化对应的试样单位体积的体积膨胀量，当温度从 T_1 变到 T_2 时，试样的体积相应地从 V_1 变到 V_2，则材料在该温度区间的平均体膨胀系数 β 为

$$\beta = \frac{(V_2 - V_1)}{[V_1(T_2 - T_1)]} = \frac{\Delta V}{(V_1 \Delta T)} \tag{5.14.2}$$

由于体膨胀系数测定较为复杂，所以对于热膨胀各向同性的材料，平均体膨胀系数 β 与平均线膨胀系数 α 之间的关系为

$$\beta = 3\alpha[1 + \alpha(T_2 - T_1)] \tag{5.14.3}$$

因为 $\alpha(T_2 - T_1) \leqslant 1$，可以进一步简化为

$$\beta \approx 3\alpha \tag{5.14.4}$$

对于热膨胀各向异性的材料，平均体膨胀系数 β 可近似用三个相互垂直的晶轴方向的线膨胀系数 α_1、α_2、α_3 的和来表示，即

$$\beta \approx \alpha_1 + \alpha_2 + \alpha_3 \tag{5.14.5}$$

由于膨胀系数实际上并不是一个恒定的值，而是随温度变化的。所以上述膨胀系数都是在一定温度范围 ΔT 内的平均值，因此在使用时要注意其适用的温度范围。

三、实验方法

热膨胀系数的测定方法有许多，可分为接触法和非接触法两类。接触法是将物体的膨胀量用一根传递杆接触的方式传递出来，再配以不同的检测仪器测得；非接触法则不采用任何传递机构。本次实验采用接触方式的示差法检测。

示差法是基于采用热稳定性良好的材料 —— 石英玻璃（棒和管），在较高的温度下，其线膨胀系数随温度而改变的性质很小。当温度升高时，石英玻璃与待测试样都会发生膨胀，但是待测试样的膨胀比石英玻璃管上同样长度部分的膨胀要大，因而使得与待测试样相接触的石英玻璃棒发生移动。这个移动是石英玻璃管、石英玻璃棒和待测试样三者的同时伸长和部分抵消后在传感器上所显示的 ΔL 值，它包括试样与石英玻璃管和石英玻璃棒的热膨胀的差值，测出这个系统的伸长的差值及加热前后的温度差，并根据已知石英玻璃的膨胀系数，便可算出待测试样的热膨胀系数。

1. 实验仪器

本次实验设备为 WTD2 型智能热膨胀仪。其结构如图 5.14.1 所示。

(1) 仪器由主体（电炉及保温材料、机座、样品部件、位移测量部件、冷却部件），精密温度控制器，位移传感器及控制器，保护气氛系统及计算机系统所组成。

(2) 电炉采用硅碳管作为发热元件，莫莱石纤维为保温材料。

(3) 样品部件由外套管、位移传递杆组成。1 000 ℃ 以下测试用石英管、杆；1 000 ℃ 以上用刚玉管、杆。样品尺寸为 $\Phi(6 \sim 8) \times 40$ mm。

(4) 采用电感调频式位移传感器，量程为± 2.5 mm，配套有二次仪表位移控制仪，分辨率为 1 μm，精度为 0.10%。

(5) 温度控制器具有手动和自动功能，输出的电压值可以手动调节，因此升温速率可手动设定或由程序曲线设定。

(6) 气氛控制器由气源、稳压阀流量计组成，可同时采用双路供气。气氛一般用氧化气氛 (O_2) 或保护气氛 (N_2)。

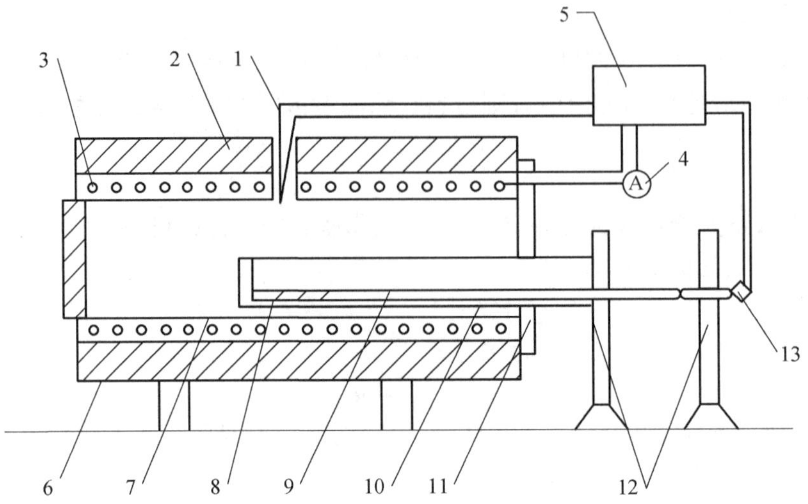

图 5.14.1　热膨胀仪结构图

1— 测温热电偶;2— 膨胀仪电炉;3— 电热丝;4— 电流表;5— 控制器;6— 电炉铁壳;7— 电炉芯;8— 待测试样;9— 石英玻璃棒;10— 石英玻璃管;11— 带水冷套遮热板;12— 支架;13— 位移传感器

(7) 计算机系统分别与温度控制器和位移传感器测控仪连接,其配套的数据采集与处理软件可以自动采集温度、位移量及对应时间,计算和处理数据,绘制伸长/温度曲线和数据报表功能。

2. 实验步骤

(1) 按测试要求选择中、高温系统样品部件,中温(1 000 ℃ 以下) 用石英管、杆;高温(1 000 ℃ 以上) 用刚玉管、杆。

(2) 装样方法。手摇仪器右侧手摇把使样品部件移动至最左端,暴露样品槽,轻拿样品放入槽中,用小起子轻拨样品杆使之与样品接触良好,最后手摇摇把使样品部件右移进入电炉中。

(3) 接通冷却水源,观察出水口有水流出。

(4) 检查温控器在手动方式,手动调压钮在最左位置。然后接通温控器和位移控制器电源,预热 5 min。

(5) 打开计算机进入"热膨胀仪数据采集" 软件,按提示在温控器自整定仪表上设定温度程序,位移传感器清零,按下通信健,温控器设置为自动方式开始实验。

(6) 测试完成后待温度降至室温后取出试样,切断仪器电源水源(炉温200 ℃ 以下切断水源)。

(7) 在计算机上处理实验数据,并可打印数据曲线输出。

(8) 需要使用气氛时,须先卸下左侧板装上气氛管后再装上左侧板,然后按上述步骤安装样品,接通气源,准备开始实验(本仪器气氛系统只在使用刚玉样品部件时用)。

特别注意:样品部件和气氛保护管是贵重、易碎部件,使用中应格外小心!

四、实验报告

(1) 简要叙述测定热膨实验的原理。

(2) 简要叙述测定热膨胀系数的意义。

(3) 简要叙述热膨胀仪的结构和测试工作过程。

(4) 分析测试曲线和数据。

① 根据原始数据绘出被测材料的线膨胀曲线和工程热膨胀曲线。

② 根据实验数据和曲线，计算被测材料的不同温度下的平热均膨胀系数，填入表 5.14.2。

表 5.14.2 实验数据记录

平均热膨胀系数	50 ~ 100 ℃	50 ~ 150 ℃	50 ~ 200 ℃	50 ~ 250 ℃

五、思考题

1. 真实热膨胀和平均热膨胀有何异同?
2. 影响材料热膨胀系数的因素有哪些? 简要说明如何影响。

5.15 耐火材料耐火度测定

一、实验目的

(1) 理解耐火度的概念。

(2) 学会耐火度测定用锥和锥盘的制备。

(3) 掌握耐火度的测定原理和测定方法。

二、定义

耐火材料的传统定义是指耐火度不低于 1 580 ℃ 的无机非金属材料，一般来说，耐火材料在无荷重的条件下抵抗高温而不熔化的特性称为耐火度。

三、实验原理

按照 GB/T 7322—2017《耐火材料 耐火度试验方法》规定，将耐火材料的试验锥与已知耐火度的标准测温锥一起栽在锥台上，在规定的条件下加热并比较试验锥与标准测温锥的弯倒情况来表示试验锥的耐火度。

四、实验设备

NHD - 03P 耐火度实验炉，试验锥、锥台成型模具，标准测温锥和耐火泥，试验筛等。

五、实验步骤

(1) 试验锥的制备。从已成型的耐火材料试样中心部位采取总质量 150 ~ 200 g 的试验料，粉碎至 2 mm 以下。混合均匀后，用四分法缩至 30 g，用玛瑙研钵研磨，随磨随筛至全部过

180 μm 试验筛，通过 90 μm 试验筛的量不得大于 50%，加水或小于 0.5%（体积分数）的有机结合剂成型。

（2）试验锥台的制备。选用的实验用标准测温锥，应包括相当于试验锥的估计耐火度的标准测温锥号 2 支，以及高一号和低一号的标准测温锥各 1 支。如果试验锥台是圆盘形的，按规定的顺序相互间隔栽在预制的锥台上。栽锥时必须使标准测温锥的标号锥面和试验锥的相应锥面对准圆锥台的中心（如果耐火度实验炉的试验锥台是长方体的，则其测温锥平行排列），并使该面相对的棱向外倾斜与锥台面成 82° 的夹角。锥插入锥台孔穴中的深度为 2 ~ 3 mm，用耐火泥固定在锥台上。

（3）将锥台放在实验炉内，按 5 ℃/min 的升温速率升温，观察标准测温锥和试验锥的变化情况，直到实验结束。

六、实验结果

试验锥与标准测温锥的尖端同时弯倒至锥台面时，以标准测温锥的锥号来表示试验锥的耐火度；若试验锥的弯倒介于相邻标准测温锥之间，则用两个标准测温锥的锥号来表示试验锥的耐火度，即顺次记录相邻的两个锥号，如 CN168 ~ 170。

七、思考题

1. 耐火度和熔点有何不同？
2. 讨论实验过程中影响耐火度的各种因素。

5.16 耐火材料抗渣性测定

一、实验目的

（1）了解耐火材料抗渣性测定的有关定义。
（2）了解耐火材料抗渣性静态坩埚法测定的原理。
（3）学会计算耐火材料抗渣性静态坩埚法测定结果。

二、定义

（1）抗渣性是指耐火材料在高温下抵抗熔渣渗透、侵蚀和冲刷的能力。

（2）侵蚀面是指试样与炉渣发生反应，导致试样剖面腐蚀、变形和破坏的部分，如图 5.16.1 所示。

（3）侵蚀深度是指以与炉渣接触的试样原表面为起点，试样剖面被侵蚀的长度，单位为 mm。

（4）侵蚀面积百分率是指试样剖面被炉渣侵蚀的面积与试样剖面总面积的百分比，单位为 %。

（5）渗透面是指试样与炉渣发生反应，导致试样剖面出现明显的被炉渣浸润（含侵蚀）的斑痕部分，如图 5.16.1 所示。

（6）渗透深度是指以与炉渣接触的试样原表面为起点，试样剖面被渗透（含侵蚀）的长

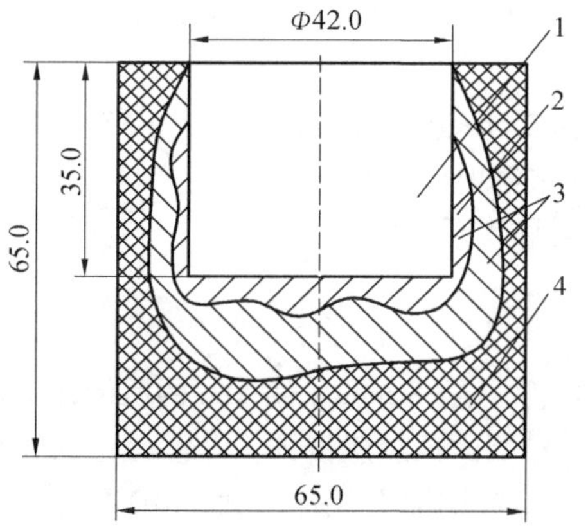

图 5.16.1 实验后静态坩埚试样剖面图(mm)

度,单位为 mm。

(7) 渗透面积百分率是指试样剖面被炉渣渗透的面积(含侵蚀面积)与试样剖面总面积的百分比,单位为 %。

(8) 试样渣蚀率是指在高温流动的渣液中,试样被炉渣熔蚀的质量分数。

三、实验原理

按照 GB/T 8931—2007《耐火材料　抗渣性试验方法》规定,将耐火材料试样制成坩埚状,坩埚内装有炉渣,置于炉内,高温下炉渣与坩埚试样发生反应。以炉渣对试样剖面的侵蚀量(深度、面积及面积百分率)和渗透量(深度、面积及面积百分率)来评价材料抗渣性的优劣。本方法为静态坩埚法,其更适用于各种炉渣对耐火材料抗渣性的比较实验。

四、实验设备和材料

电子天平(精度 0.01 g),游标卡尺,电热干燥箱,抗渣侵蚀及渗透测量装置,实验炉,热电偶及温度测量装置,炉渣。

五、实验步骤

(1) 试样制备。试样应制成长 × 宽 × 高为 70 mm × 70 mm × (65 ~ 70)mm 的长方体或 Φ70 mm × (65 ~ 70)mm 的圆柱体,尺寸偏差不得大于 0.5 mm,沿试样成型方向,在试样顶面的中心,钻取内径 40 ~ 42 mm,深度(35 ± 2) mm 的坩埚,坩埚的内壁和底部应磨平,内部不允许有裂纹。同一实验温度需用 2 个试样。

(2) 坩埚试样和炉渣应在实验前于(110 ± 5) ℃ 干燥 2 h。

(3) 用游标卡尺测量坩埚孔直径和深度,精确到 0.5 mm。

(4) 称取 2 份等量的炉渣(约 70 g) 填满坩埚试样(如有必要可将炉渣捣实)。

(5) 将装好渣的坩埚试样逐个放入炉膛的均温区,每只坩埚试样底部垫有相同材质的约 30 mm 厚的垫板,垫板上铺有高温垫砂;也可将坩埚试样置于较大的坩埚中,以防止熔融的炉渣穿透坩埚底部而损坏炉子。每个坩埚试样之间的距离约为 20 mm。

(6) 按 50 ℃ 间隔选择实验温度或根据需要来选择实验温度,按 5 ~ 10 ℃/min 的升温速率升至比炉渣熔融温度低 50 ~ 100 ℃ 时，再按 1 ~ 2 ℃/min 的升温速率升温，直到实验温度。

(7) 根据炉渣的性质或需要来确定保温时间(通常为 3 h)。

(8) 保温结束后，坩埚试样随炉自然冷却至室温。

(9) 沿坩埚的轴线方向对称切开。

六、实验结果

在坩埚试样剖面上，用彩笔标记 65 mm × 65 mm 的区域作为测量区的总面积 S(不包括坩埚凹面的面积)。测量坩埚试样剖面被炉渣侵蚀量及渗透量的大小。

(1) 计算机测绘。在坩埚试样剖面上，沿侵蚀面和渗透面的边，用彩笔分别画出侵蚀面和渗透面的边线，将坩埚试样剖面的图像扫描(也可用数码相机拍照后传输)到计算机，由计算机计算出坩埚试样剖面被炉渣侵蚀和渗透的深度(两侧和底面)、面积及侵蚀面积百分率和渗透面积百分率。

(2) 手工计算。在坩埚试样剖面上，沿侵蚀面和渗透面的边，用彩笔分别画出侵蚀面和渗透面的边线，用求积法分别计算出坩埚试样剖面的总面积、被炉渣侵蚀和渗透的深度(两侧和底面)、侵蚀面积、渗透面积及侵蚀面积百分率和渗透面积百分率。

计算试样侵蚀面积百分率 C，即

$$C = \frac{100 \times C_1}{S} \times 100\% \tag{5.16.1}$$

式中 C_1—— 坩埚试样剖面被侵蚀的面积，mm^2；

S—— 坩埚试样剖面的总面积，mm^2。

计算试样渗透面积百分率 P，即

$$P = \frac{100 \times P_1}{S} \times 100\% \tag{5.16.2}$$

式中 P_1—— 坩埚试样剖面被渗透的面积，mm^2。

(3) 如果需要，可将实验后画有侵蚀面和渗透面边线的坩埚试样剖面照相，并描述坩埚试样被炉渣侵蚀和渗透的情况。计算机测绘两次的偏差应不大于 5%；手工计算两次的偏差应不大于 10%；手工计算和计算机测绘的偏差应不大于 10%。

七、思考题

1. 结合耐火材料的使用，说明静态坩埚法存在的不足。
2. 影响耐火材料抗渣性的因素有哪些，如何提高耐火材料的抗渣性？

5.17 耐火材料抗热震性测定

一、实验目的

(1) 了解耐火材料对温度急剧变化所产生破损的抵抗性能。

(2) 观察不同的耐火材料抗热震性的优劣。

二、定义

(1) 抗热震性是指耐火材料对温度急剧变化所产生破损的抵抗性能。

(2) 水急冷法是指试样经受急热后,以温度为5 ~ 35 ℃ 的流动的水作为冷却介质急冷的方法。(适用于致密硅酸铝质耐火材料)

(3) 空气急冷法是指试样经受急热后,以常温下0.1 MPa压缩空气作为冷却介质急冷的方法。(适用于碱性、硅质、熔铸、与水相互作用或水急冷法热震次数少难以判定抗热震性优劣的耐火材料)

(4) 空气自然冷却是指试样经受急热后,以自然状态下空气作为冷却介质冷却的方法。(适用于气孔率大于45% 的耐火材料)

三、实验原理

按照GB/T 30873—2014《耐火材料　抗热震性试验方法》规定,在规定的实验温度和冷却介质条件下,一定形状和尺寸的试样,在经受急冷急热的温度突变后,根据其破损程度来确定耐火材料的抗热震性。

四、实验设备

抗热震性实验炉,流动水槽,机械手或夹具,试样冷却架,吹气装置,三点弯曲应力实验装置,电热鼓风干燥箱。

五、实验步骤

(1) 试样干燥。试样应于(110 ± 5) ℃ 或允许的较高的温度下干燥至恒温。

(2) 装样。将试样装在试样夹持器上,试样间距不小于10 mm,且试样不得叠放。要保证试样50 mm长一段能够经受急冷急热,在试样夹持部分,试样与试样间必须用厚度大于10 mm的隔热材料填充。用方格网测量试样受热端面的方格数。

(3) 试样急热过程。将加热炉加热到(1 100±10) ℃ 保温15 min后,迅速将试样移入炉膛内。受热端面距离炉门内侧应为(50 ± 5) mm,距发热体表面应不小于30 mm。用隔热材料及时堵塞试样与炉门的间隙。试样入炉后,炉温降低不大于50 ℃,并于5 min内恢复至1 100 ℃。试样在1 100 ℃ 下保持20 min。

(4) 试样急冷过程。

① 水冷法。试样急热后,迅速将其受热端浸入温度为5 ~ 35 ℃ 的流动的水中50 mm深,距水槽底不小于20 mm,调节水流量,使流入和流出水槽的水的温升不大于10 ℃。试样在水槽中急冷3 min后立即取出,在空气中放置时间不少于5 min,试样急冷时关闭炉门,使炉温保持在(1 100 ± 10) ℃ 以内。再将试样受热端迅速移入炉内,反复进行此过程,直至实验结束。

② 空冷法。将干燥后的试样放入预加热至250 ~ 300 ℃ 的电热鼓风干燥箱至少保持2 h。

将加热炉预加热至(950±10) ℃ 保温15 min后,迅速将试样移入炉膛内。立即关闭炉门,炉温降低应不大于50 ℃。从第一块试样放入计时,5 min内恢复至(950±10) ℃。试样在此温度下保持30 min,且应以一个平面放置,不得叠放。试样与试样、试样与炉壁间隙不得大于

10 mm。用衬有石棉的铁钳和托板将试样从炉内取出，迅速以一个平面紧靠定位销放在钢板上，使喷嘴正对着试样喷吹面的对角线交点，用压缩空气吹 5 min。喷嘴前的压力始终为 0.1 MPa，喷嘴距离试样喷吹面中心约 100 mm。试样经压缩空气流急冷 5 min 后，立即取出，以喷吹面作为张力面，进行三点弯曲应力实验，均匀加荷，最大弯曲应力为 0.3 MPa。当试样经受住了 0.3 MPa 的三点弯曲应力，炉温恢复至实验温度时，即可将试样迅速移入炉内，反复进行此过程，直至实验结束。

六、实验结果

(1) 水冷法。在急冷过程中，试样受热端面破损一半时，该次急热急冷循环作为有效计算。在急热过程中，试样受热端面破损一半时，该次急热急冷循环不作为有效计算。在实验过程中，试样受热端面若受机械磨损或碰撞而破损时，则其实验作废。

(2) 空冷法。试样在弯曲应力实验时断裂或在急冷时爆裂无法再进行三点弯曲实验时的那次作为有效计算。试样在急热过程中爆裂，无法再进行三点弯曲实验时的那次不作为有效计算。在实验过程中，试样受热端面若受机械磨损或碰撞而破损时，则其实验作废。

试样经受住了 30 次急热急冷循环，也可终止实验。

七、思考题

1. 如何提高耐火材料的抗热震性？
2. 影响耐火材料的抗热震性的因素有哪些？

5.18 耐火材料常温抗折强度测定

一、实验目的

(1) 掌握常温抗折强度的实验原理。
(2) 掌握常温抗折强度的测定方法。

二、定义

常温抗折强度是指在室温下试样受到弯曲负荷的作用而断裂时的极限应力，以单位 MPa 表示。

三、实验原理

按 GB/T 3001—2017《耐火材料　常温抗折强度试验方法》规定：在常温下，以规定的加荷速率对试样施加应力直至试样断裂。

四、实验设备

抗折实验机，游标卡尺等。

五、实验步骤

（1）检测常温抗折强度每组试样不得少于 3 块。

（2）测量试样中部的宽度和高度，求其平均值，精确到 0.1 mm。

（3）以试样成型侧面作为承压面，将试样置于抗折夹具的支承辊上，调整加压辊，置于支撑辊中央并垂直于试样长轴。

（4）以一定的速率对试样均匀加荷，直至其断裂。

六、实验结果

（1）常温抗折强度（σ_F）。

$$\sigma_F = \frac{3}{2} \times \frac{F_{max} + L_s}{b \times h^2} \tag{5.18.1}$$

式中 σ_F—— 常温抗折强度，MPa；

F_{max}—— 对试样施加的最大压力，N；

L_s—— 下刀口间的距离，mm；

b—— 试样宽度，mm；

h—— 试样高度，mm。

（2）数据处理。计算结果保留 1 位小数。

七、思考题

1. 影响耐火材料常温抗折强度的因素主要有哪些？
2. 加荷速度对耐火材料常温抗折强度有哪些影响？

5.19 耐火材料高温抗折强度测定

一、实验目的

（1）掌握高温抗折强度的实验原理。

（2）掌握高温抗折强度的测定方法。

二、实验原理

按照 GB/T 3002—2017《耐火材料 高温抗折强度试验方法》规定：高温抗折强度是在高温下，试样受弯至破坏时所受的最大应力，它的测定是以一定的升温速率加热规定尺寸的长方体试样到实验温度，保温至试样达到规定的温度分布，然后以一定的加荷速率对置于三点弯曲装置上的试样加荷，直至试样断裂。

三、实验设备

高温抗折实验机（HMOR－03AP）：采用以二硅化钼发热元件加热的实验机；加荷装置：具有足够折断试样的力，并按规定的加荷速率对试样均匀加荷，记录或指示其断裂时的载荷；弯曲装置:3 个刀口互相平行,上刀口位于 2 个下刀口正中间,2 个下刀口在一个水平面上,2 个下刀口的距离为(125 ± 2) mm,刀口长度至少较试样宽 5 mm。

四、实验步骤

1. 试样制备

(1) 数量。对于定形制品,每组试样应为 6 个,由 3 块制品上各切取 2 块组成;对于不定形材料,每组试样不少于 3 个。

(2) 形状尺寸。定形制品切取的试样尺寸为(25 ± 1)mm × (25 ± 1)mm × 140 ~ 150 mm。不定形材料制成的试样尺寸为(40 ± 1)mm × (40 ± 1)mm × (150 ~ 160) mm 的长方体。

(3) 制样。制品上切取试样时,应保留垂直于成型加压方向的一个原砖面作为试样的压力面并标明符号;不定形制品则以成型时的侧面作为试样的受压面。

2. 测量试样

用游标卡尺测量试样中部的宽度和高度,精确至 0.02 mm。

3. 开炉加热

将试样放入炉中的均温带,按室温约为 1 000 ℃ 时,升温速率为 8 ~ 10 ℃/min,1 000 ℃ ~ 实验温度时,升温速率为 4 ~ 5 ℃/min。保温 30 min。含碳制品需要埋碳下进行测试。

4. 加荷

将试样置于下刀口上使上刀口在试样的压力面中部垂直均匀地加荷直至断裂,记录最大载荷。

五、实验结果

(1) 高温抗折强度(R_e)。

$$R_e = \frac{3}{2} \times \frac{F_{max} \times L_s}{B \times H^2} \tag{5.19.1}$$

式中 R_e—— 高温抗折强度,MPa;

F_{max}—— 试样断裂时的最大载荷,N;

L_s—— 支承刀口之间的距离,mm;

B—— 试样的宽度,mm;

H—— 试样的高度,mm。

(2) 数据处理。计算结果保留 1 位小数。

六、思考题

1. 升温速率对耐火材料高温抗折强度有何影响?
2. 分析影响不同耐火材料高温抗折强度差别的主要因素。
3. 在冶金设备中,耐火材料在什么部位可能在高温下承受弯曲应力?

5.20 耐火材料常温耐压强度测定

一、实验目的

（1）掌握常温耐压强度的实验原理。
（2）掌握常温耐压强度的测定方法。

二、定义

常温耐压强度是指耐火材料在常温下，按规定条件加压，发生破坏前单位面积上所能承受的极限压力，以单位 MPa 表示。

三、实验原理

按照 GB/T 5072—2008《耐火材料 常温耐压强度试验方法》规定：在规定条件下，对已知尺寸的试样以恒定的加压速度施加载荷直至破碎或者压缩到原来尺寸的 90%，记录最大载荷。根据试样所承受的最大载荷和平均受压面积计算出常温耐压强度。

四、实验设备

压力实验机；游标卡尺：分度值为 0.02 mm。

五、实验步骤

（1）检测常温耐压强度，每组试样不得少于 3 块，浇注料可用常温抗折强度实验后的半截试样。定形制品需要制成边长为 50 mm 的立方体。

（2）测量试样上、下承压面的宽度，精确至 0.1 mm。

（3）将试样受压面置于压板中心，以一定的加荷速率对试样均匀加压，直至试样破坏为止。记录实验机此时指示的最大载荷。浇注料以成型面的侧面为受压面，定形制品与成型方向一致面为受压面。

六、实验结果

（1）常压耐压强度（σ）。

$$\sigma = \frac{F_{max}}{A_0} \tag{5.20.1}$$

式中 σ—— 常温耐压强度，MPa；
F_{max}—— 记录的最大载荷，N；
A_0—— 试样受压面积初始截面积，mm^2。

（2）数据处理。计算结果保留 3 位有效数字。

七、思考题

1. 测定常压耐压强度时对耐火材料试样有何要求？

2. 耐火材料常压耐压强度的大小对其使用性能有何影响?

5.21 耐火材料荷重软化温度测定

耐火材料的荷重软化温度是表征耐火材料对高温和荷重同时作用的抵抗能力,也表征耐火材料呈现明显塑性变形的软化温度范围,是表征耐火材料高温力学性能的一项重要指标。测定耐火材料荷重软化温度对生产工艺及材料的应用具有重要的意义。

一、实验目的

(1) 掌握荷重软化温度的测定方法。

(2) 掌握测定荷重软化温度的实验原理。

二、定义

(1) 荷重软化温度是指耐火材料在规定升温条件下,承受恒定荷载产生规定变形时的温度。

(2) 最大膨胀值温度 T_0 是指试样膨胀到最大值时的温度。

(3) $x\%$ 变形温度 T_x 是指试样从膨胀最大值压缩了原始高度时某一百分数(x) 时的温度。当 $x = 0.6$ 时,即 $T_{0.6}$ 称开始软化温度。当 $x = 4$ 时,即 T_4 称为耐火浇注料4% 变形温度。

(4) 溃败或破裂温度 T_b 是指实验中,试样突然溃败或破裂时的温度。

三、实验原理

按照 GB/T 5989—2008《耐火材料　荷重软化温度试验方法　示差升温法》、ISO 1893—2008《耐火材料制品　载荷下耐火性的测定　升温示差法》、YB/T 2203—1998《耐火浇注料荷重软化温度试验方法(非示差 - 升温法)》规定:圆柱体试样在规定的恒定载荷和升温速率下加热,直到其产生规定的压缩形变,测定在产生规定形变量时的相应温度。

四、实验设备

荷重软化温度实验炉;电热干燥箱;游标卡尺等。

五、实验步骤

(1) 制样。圆柱体试样,直径为 36 mm,高为 50 mm。保证试样的高度方向为制品成型时的加压方向。试样不应有因制样而造成的缺边、裂纹等缺陷或水化现象。

(2) 干燥。试样应于(110 ± 5) ℃ 或允许的较高的温度下干燥至恒重。

(3) 装样。将试样放入炉内均温区的中心,并在试样的上、下两底面与压棒和支撑棒之间,垫加厚约 10 mm,直径约为 50 mm 的垫片。压棒、垫片、试样、支撑棒及加荷机械系统,应垂直平稳地同轴安装,不得偏斜。将冷却水连通。调整好变形测量装置,将位移计调至 1.0 mm,启动计算机。

(4) 加热。从室温到 1 000 ℃ 区间,以 5 ~ 10 ℃/min 的升温速率升温;大于 1 000 ℃ 控制 4 ~ 5 ℃/min 的升温速率进行升温。

六、实验结果

计算机自动记录并绘出温度与变形曲线，根据所测变形百分数自动采集温度，自动关机。等炉温降至100 ℃以下时，关闭冷却水。

七、思考题

1. 测定耐火材料的荷重软化温度有何意义？
2. 为什么说耐火材料没有熔点，只有范围较宽的荷重软化温度？

5.22 非氧化物材料的抗氧化实验

一、实验目的

(1) 了解非氧化物材料测定的意义、方法。
(2) 了解差热分析仪的原理、结构和操作步骤。
(3) 学会初步掌握测试数据和曲线的分析方法。

二、实验原理

非氧化物材料在高温氧化性气氛下使用时将不可避免地发生氧化，氧化反应的发生改变了非氧化物的组成，限制了非氧化物材料在高温领域的应用，因此有必要对其氧化性能进行研究。

制备的非氧化物材料抗氧化性能由德国耐驰生产的STA 449 F3型同步热分析仪检测。该设备的称量范围为0.1 μg ~ 35 000 mg，将待测试样置于刚玉坩埚内，分别采用等温氧化和非等温氧化实验方法检测不同试样的抗氧化性能。非等温氧化实验过程，将试样置于铂金坩埚，置于炉内并通入空气，流量为80 mL/min，炉内温度由室温升温至1 500 ℃，升温速率为10 ℃/min。根据非等温氧化的实验结果，确定等温氧化的实验温度。首先抽真空，使炉内处于负压环境，通入高纯氮气，流量为80 mL/min，当炉内达到实验设定温度时，通入O_2并保温2 h，待实验结束通入氮气保护。利用XRD分析块体试样氧化后的物相组成，并通过扫描电镜观测试样断口的微观形貌，进而揭示其氧化机理。

三、实验器材

NETZSCH STA 449 F3型差热分析仪。

四、实验步骤

采用NETZSCH STA 449 F3型差热分析仪对非氧化物粉体进行等温及非等温氧化实验。非等温氧化通入氧气的流量是80 mL/min，以10 ℃/min的升温速率由室温加热到1 500 ℃。根据非等温氧化的实验结果，分别选取三个温度(间隔1 000 ℃)作为等温氧化实验温度。

五、实验数据处理

(1) 根据原始数据绘出等温氧化曲线和非等温氧化曲线。

(2) 根据实验数据,绘制不同温度下氧化增重随时间的变化及氧化增重的平方值与时间的关系曲线。

六、思考题

1. 非氧化物氧化过程发生的化学反应有哪些?
2. 由氧化数据及曲线分析非氧化物高温氧化机理。

第 6 章　新能源电池与磁性材料综合实验

6.1　太阳能硅片质量检测

一、实验目的

通过对太阳能电池片的性能检测，按技术要求对电池片进行分挡。

二、实验原理

硅片是太阳能电池片的载体，硅片质量的好坏直接决定了太阳能电池片转换效率的高低，因此需要对来料硅片进行检测。对硅片的一些技术参数进行测量，这些参数主要包括硅片表面不平整度、少子寿命、电阻率、p/n 型和微裂纹等。光伏硅片检测仪对硅片表面不平整度进行检测，同时检测硅片的尺寸和对角线等外观参数；微裂纹检测模块用来检测硅片的内部微裂纹；另外还有两个检测模组，其中一个检测模组主要测试硅片体电阻率和硅片类型，另一个模块用于检测硅片的少子寿命。在进行少子寿命和电阻率检测之前，需要先对硅片的对角线、微裂纹进行检测，并自动剔除破损硅片。硅片检测设备能够自动装片和卸片，并且能够将不合格品放到固定位置，从而提高检测精度和效率。

硅太阳能电池与半导体发光二极管（LED）一样，在一定偏压下会因载流子的辐射复合而产生发光现象，其 EL 的波长范围为近红外波段 850 ～ 1 200 nm，发光强度随偏压的增大而增强。正向偏压下 EL 的光强反映了少数载流子的数目和少子的扩散长度。若某区域 EL 强度较低，则表明该处存在质量缺陷。

三、实验器材

硅片分选设备、PVC 手套、游标卡尺等。

四、实验过程

1. 检验方式

（1）外观。

① 首先对硅片外观逐件用肉眼进行检测。

② 用游标卡尺检测其厚度及尺寸。

③ 用塞尺检测弯曲度。

④ 用偏光显微镜观察其表面是否有裂纹、凹坑、沾污、穿孔及划伤，从而判断每一件产品是否合格。

（2）电学及其他性能。

用 Manz 硅片分选设备对其导电类型、电阻率、厚度、TTV、少子寿命等进行检验。

2. 技术要求

按照硅片质量不同将产品分为 A、B 两个等级。A 级为合格品,B 级为可让步使用的产品。其中 A 级分为 A1、A2 两类,B 级分为 B1、B2 两类,具体分类、检测方法见表 6.1.1。

表 6.1.1　太阳能多晶硅片质量等级分类方法

<table>
<tr><th rowspan="3">序号</th><th rowspan="3">检验项目</th><th colspan="4">要求</th><th rowspan="3">检验方法</th></tr>
<tr><th colspan="2">A 级片</th><th colspan="2">B 级片</th></tr>
<tr><th>A1</th><th>A2</th><th>B1</th><th>B2</th></tr>
<tr><td>1</td><td>隐裂、针孔</td><td colspan="2">无隐裂、无针孔</td><td colspan="2">无隐裂、无针孔</td><td></td></tr>
<tr><td>2</td><td>崩边</td><td colspan="2">长度 ≤ 1 mm,
深度 ≤ 0.5 mm
每片崩边总数 ≤ 2 处</td><td colspan="2">长度 ≤ 1 mm,
深度 ≤ 0.5 mm,
每片崩边总数 ≤ 2 处</td><td rowspan="5">目测或用表面粗糙度仪检测</td></tr>
<tr><td>3</td><td>厚度</td><td colspan="2">(200 ± 20) μm</td><td colspan="2">(200 ± 20) μm</td></tr>
<tr><td>4</td><td>尺寸</td><td colspan="2">(156 ± 0.5) mm</td><td colspan="2">(156 ± 0.5) mm</td></tr>
<tr><td>5</td><td>倒角</td><td colspan="2">(1 ± 0.5) mm,45° ± 10°</td><td colspan="2">(1 ± 0.5) mm,45° ± 10°</td></tr>
<tr><td>6</td><td>线痕</td><td>深度 ≤ 8 μm 且不明显</td><td>深度 ≤ 15 μm 且不明显</td><td>15 μm < 深度 ≤30 μm</td><td>深度 ≤ 15 μm 且不明显</td></tr>
<tr><td>7</td><td>表面质量</td><td colspan="2">硅片表面无凹坑,无氧化,无沾污,无穿孔,无裂纹,无划伤</td><td>硅片表面无凹坑,无氧化,无沾污,无穿孔,无裂纹,无划伤</td><td>沾污不得有 3 处,每处沾污面积 ≤ 1 mm²</td><td>目测或用显微镜检测</td></tr>
<tr><td>8</td><td>弯曲度</td><td colspan="2">≤ 80 μm</td><td colspan="2">≤ 80 μm</td><td>用塞尺检测</td></tr>
</table>

五、实验记录

将实验数据记录到表 6.1.2。

表 6.1.2　实验数据记录

检验项目	质量等级
几何形状	
厚度及公差	
尺寸及公差	
角度及公差	
崩边(长度 × 延伸深度)	
缺口	
锯痕	
小晶粒	

续表6.1.2

检验项目	质量等级
翘曲度	
亮线	
弯曲度	
表面质量	
品级	

六、思考题

太阳能硅片缺陷有哪些？如何分类？

6.2 染料敏化太阳电池的制作

一、实验目的

(1) 学会制备简易的染料敏化太阳电池。
(2) 掌握染料敏化太阳电池的结构及其发电机理。

二、实验原理

辐射到地球表面的太阳光中，紫外光占 4%，可见光占 43%。常用的 n 型半导体带隙较宽，如 TiO_2(二氧化钛) 为 3.2 eV，这决定了其吸收谱位于紫外光波段，对于可见光吸收较弱，为了增大对可见光的利用率，人们把敏化剂负载在 n 型半导体表面，借助敏化剂对可见光的敏感效应，增大整个敏化电池对太阳光的吸收率。其中最为代表性的是染料敏化电池，它基于敏化电池的结构和原理，采用染料作为敏化剂。以最常见的染料敏化 TiO_2 多孔膜电池为例，介绍敏化太阳能电池的结构和工作原理。

染料敏化太阳能电池是由透明导电玻璃、TiO_2 多孔纳米膜、电解质溶液以及镀铂镜对电极构成“三明治”式结构。其光电转换在几个界面完成：(1) 染料和 TiO_2 纳晶多孔膜组成的界面；(2) 染料分子和电解质组成的界面；(3) 电解质和对电极构成的界面。

光电转换机理具体的物理化学过程如下：(1) 太阳光($h\nu$) 照射到电池上，基态染料分子吸收太阳光能量被激发，染料分子中的电子受激跃迁到激发态，染料分子因失去电子变成氧化态；(2) 激发态的电子快速注入 TiO_2 导带中；(3) 注入 TiO_2 导带中的电子在 TiO_2 膜中的传输非常迅速，可以瞬间到达膜与导电玻璃的接触面，并在导电基片上富集，通过外电路流向对电极；(4) 与此同时，处于氧化态的染料分子由电解质(I^-/I^{3-})溶液中的电子供体(I^-)提供电子而回到基态，染料分子得以再生；(5) 电解质溶液中的电子供体(I^-) 在提供电子以后(I^{3-})，扩散到对电极，得到电子而还原。从而完成一个光电化学反应循环，也使电池各组分都回到初始状态。

三、实验设备及材料

万用表，小夹子；TiO_2，导电玻璃，硝酸(pH = 3 ~ 4)，石墨棒或软铅笔，乙醇，碘，碘化钾，天然草莓等。

四、实验步骤

1. TiO_2 膜的制备

(1) 称取适量 TiO_2 粉,放入研钵中,边研磨边逐渐加入硝酸。

(2) 把导电玻璃导电面的四边用透明胶带盖住,其中三边盖住1 ~2 mm宽,第四边盖4 ~5 mm宽。胶带的大部分与桌面粘连,在形成的沟上面滴几滴 TiO_2 溶液,用玻璃棒徐徐地滚动,涂敷均匀。

(3) 待 TiO_2 薄膜自然晾干后,再撕去胶带,放入炉中,在450 ℃下保温0.5 h。可选用电热枪或管式炉,也可用酒精灯或天然气灯在有支撑下加热10 min。然后让其自然冷却至室温,储存备用。烧结后得到 TiO_2 膜,其类似于类囊体膜,呈多孔状,多孔膜有利于吸收太阳光和收集电子。

2. 利用天然染料把 TiO_2 膜着色

(1) 在天然草莓上滴3 ~4 滴水,再进行挤压、过滤,得到初始染料溶液。

(2) 把 TiO_2膜放在染料中着色,直到膜层变成深紫色,然后用乙醇冲洗,并用柔软的纸轻轻地擦干。

3. 制作反电极

(1) 石墨棒或软铅笔在另一整块电玻璃的导电面涂上一层碳膜得到反电极。

(2) 电极用乙醇清洗,烘干备用。

4. 组装电池

把烘干后的 TiO_2 膜电极的着色膜面朝上放在桌上,再把涂有催化剂的反电极放在上面,把两片玻璃稍微错开,以便利用未涂有 TiO_2 的电极部分和反电极作为电池的测试用。

5. 注入电解质

用两个夹子把电池夹住,再滴入两滴含碘和碘离子的电解质溶液,由于毛细管原理,电解质很快在两个电极间均匀扩散。

6. 测试

在室外太阳光或模拟太阳光源下,检测制作的太阳能电池是否可以产生电流。

五、撰写完整的实验报告

实验报告内容包括目的、原理、设备及原料、实验内容和数据处理及分析,其中后两项为重点。

六、思考题

1. 在制备反电极中,反电极涂碳膜的作用是什么?
2. 在注入电解液时,碘和碘离子的电解质的作用是什么?
3. 染料敏化太阳电池与传统太阳能电池的最大区别是什么?

6.3 太阳能电池基本特性测定

太阳能是一种新能源,对太阳能的充分利用可以解决人类日趋增长的能源需求问题。目前,太阳能的利用主要集中在热能和发电两方面。利用太阳能发电目前有两种方法,一是利用热能产生蒸气驱动发电机发电,二是太阳能电池。太阳能的利用和太阳能电池的特性研究是 21 世纪的热门课题,许多发达国家正投入大量人力物力对太阳能接收器进行研究。为此,尝试在新能源材料实验中开设了太阳能电池的特性研究实验,介绍太阳能电池的电学性质和光学性质,并对两种性质进行测量。该实验作为一个综合设计性实验,联系科技开发实际,有一定的新颖性和实用价值,能激发学生的学习兴趣。

一、实验目的

(1) 无光照时,测量太阳能电池的伏安特性曲线。

(2) 测量太阳能电池的短路电流 I_{SC}、开路电压 U_{OC}、最大输出功率 P_{max} 及填充因子 FF。

(3) 测量太阳能电池的短路电流 I_{SC}、开路电压 U_{OC} 与相对光强 J/J_0 的关系,求出它们的近似函数关系。

二、实验仪器

光具座,滑块,卤钨灯,太阳能电池,遮光罩,电压表,电流表,电阻箱等。

三、实验原理

太阳能电池能够吸收光的能量,并将所吸收的光子的能量转化为电能。在没有光照时,可将太阳能电池视为一个二极管,其正向偏压 U 与通过的电流 I 的关系为

$$I = I_0(e^{\frac{qU}{nkT}} - 1) \tag{6.3.1}$$

式中 I_0—— 二极管的反向饱和电流;

q—— 电子的电荷量;

n—— 理想二极管参数,理论值为 1;

k—— 玻耳兹曼常量;

T—— 热力学温度。

由半导体理论知,二极管主要是由如图 6.3.1 所示的能隙为 $E_c - E_v$ 的半导体构成。E_c 为半导体导电带,E_v 为半导体价电带。当入射光子能量大于能隙时,光子被半导体所吸收,并产生电子 - 空穴对。电子 - 空穴对受到二极管内电场的影响而产生光生电动势,这一现象称为光伏效应。

太阳能电池的基本技术参数除短路电流 I_{SC} 和开路电压 U_{OC} 外,还有最大输出功率 P_{max} 和填充因子 FF。最大输出功率 P_{max} 也就是 IU 的最大值。填充因子 FF 定义为

$$FF = P_{max}/I_{SC}U_{OC} \tag{6.3.2}$$

FF 是代表太阳能电池性能优劣的一个重要参数。FF 值越大,说明太阳能电池对光的利用率越高。

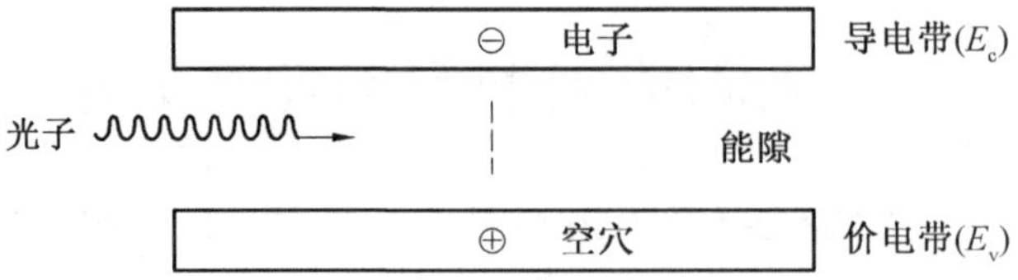

图 6.3.1 光伏效应示意图

四、实验内容及步骤

1. 在没有光源(全黑)的条件下,测量单晶硅太阳能电池正向偏压时的 $I-U$ 特性(直流偏压为 0 ~ 3.0 V)

(1) 连接电路图(见图 6.3.2)。

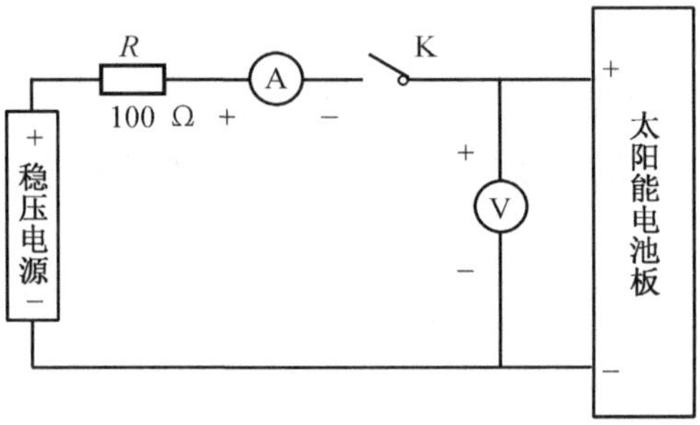

图 6.3.2 $I-U$ 特性测量电路

(2) 利用测得的正向偏压时 $I-U$ 关系数据,画出 $I-U$ 曲线并求出常数 $\beta=\dfrac{q}{nKT}$ 和 I_0 的值。

2. 在不加偏压时,用白色光照射,测量多晶硅太阳能电池的一些特性

注意此时光源到太阳能电池距离保持 20 cm。

(1) 连接电路图(见图 6.3.3)。

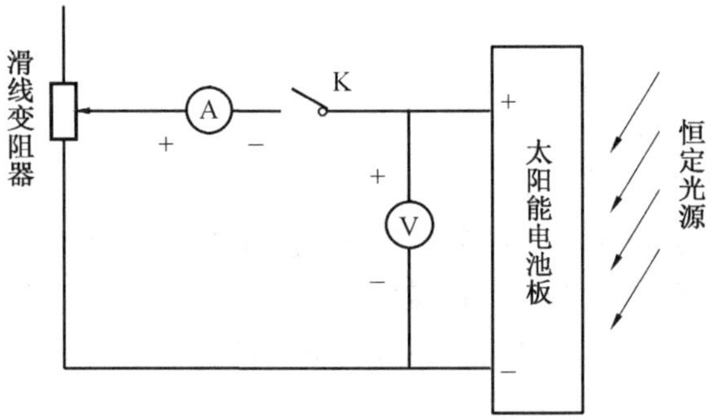

图 6.3.3 恒定光源太阳能电池特性实验

(2) 测量电池在不同负载电阻下,I 对 U 变化关系,画出 $I-U$ 曲线图。

(3) 求短路电流 I_{SC} 和开路电压 U_{OC}。

(4) 求太阳能电池的最大输出功率及最大输出功率时的负载电阻。

(5) 计算填充因子 $FF=P_{max}/I_{SC}U_{OC}$。

3. 测量太阳能电池的光电效应与电光性质

改变太阳能电池到光源的距离,用光照度计测量该处的光照度 L,测量太阳能电池接收到不同光照度 L 时,相应的 I_{SC} 和 U_{OC} 的值。

(1) 设计测量电路图,并连接。

(2) 测量太阳能电池接收到不同光照度 L 时相应的 I_{SC} 和 U_{OC} 的值。

(3) 描绘 I_{SC} 与光照度 L 之间的关系曲线,求 I_{SC} 与光照度 L 之间的近似关系函数。

(4) 描绘 U_{OC} 与光照度 L 之间的关系曲线,求 U_{OC} 与光照度 L 之间的近似关系函数。

五、数据记录及处理

(1) 全暗情况下(太阳能电池板倒扣在黑橡胶桌面上)太阳能电池在外加偏压时伏安特性测量:连接电路如图 6.3.2,结果填入表 6.3.1。

表 6.3.1 太阳能电池正向偏压时的 $I-U$ 特性

U/V														
I/mA														

用坐标纸画出太阳能电池正向偏压时的 $I-U$ 特性曲线,并求出常数 β 和 I_0 的值。

(2) 在不加偏压时,把太阳能电池板倒扣在投影仪玻璃面上,紧贴投影仪玻璃面,测量不同负载时太阳能电池的输出电流与太阳能电池的输出电压的关系。并测量短路电流 I_{SC} 和开路电压,计算最大输出功率 P_{max} 和填充因子 FF。连接电路如图 6.3.3,结果填入表 6.3.2。

表 6.3.2 不同负载时太阳能电池的输出电流与太阳能电池的输出电压的关系

R/Ω	5	10	20	50	100	200	500	1 000	2 000	5 000
U/V										
I/mA										
P/mW										
R/Ω										
U/V										
I/mA										
P/mW										

I_{SC} = ____________ U_{OC} ____________

P_{max} = ____________ FF = ____________

画出 $R-P$ 曲线图,求出 P_{max} 和对应的太阳能电池 r。

(3) 测量多晶硅太阳能电池板 I_{SC} 和 U_{OC} 与光照度 L 的关系,填入表 6.3.3。

表 6.3.3 太阳能电池板的 I_{SC} 和 U_{OC} 与光照度 L 的关系

L_0 = ________ lx (照度计紧贴投影仪玻璃面)

h/cm	0	5	10	15	20	25	30	35
L/lx								
I_{SC}/mA								
U_{OC}/V								

画出 $L-I_{SC}$ 曲线图及 $L-U_{OC}$ 曲线图。

(4) 把多晶硅太阳能电池板换成单晶硅太阳能电池板,重复步骤(3)。

六、注意事项

(1) 连接电路时,保持太阳能电池无光照条件。

(2) 连接电路时,保持电源开关断开。

(3) 打开白炽灯光源时间要尽量短,注意随时关闭。

七、思考题

1. 太阳能电池是由什么材料做成的? 它的工作原理是什么?
2. 何谓短路电流? 何谓开路电压? 何谓填充因子? 如何计算太阳能电池的填充因子?
3. 如何求得太阳能电池的最大输出功率? 最大输出功率与它的最佳匹配电阻有什么关系?
4. 充填因子是代表太阳能电池性质优劣的一个重要参数,它与哪些物理量有关?
5. 太阳能电池的光照特性,即开路电压和短路电流与入射于太阳能电池的光强符合什么函数关系?

6.4 纽扣锂离子电池的制备与表征

一、实验目的

(1) 了解锂离子电池的制备过程。

(2) 掌握锂离子电池的性能表征方法。

二、实验原理

锂离子电池是指正负极为 Li^+ 嵌入化合物的二次电池。正极通常采用锂过渡金属含氧酸化物 Li_xCoO_2、Li_xNiO_2 或 $Li_xMn_2O_4$,负极采用锂 - 碳层间化合物 Li_xC_6。电解质为溶有锂盐 $LiPF_6$、$LiAsF_6$、$LiClO_4$ 等的有机溶液。在充放电过程中,Li^+ 在两极间往返嵌入和脱出,被形象地称为“摇椅电池”(Rocking Chair Battery)。

锂离子电池充放电原理如图 6.4.1 所示。

下面以尖晶石型 $Li_xMn_2O_4$ 为正极材料,金属锂为负极,叙述金属锂模拟电池的充放电过程:

(1) 正极放电时,正极从外部电子线路获取电子,锂离子嵌入正极,部分 Mn^{4+} 被还原为 Mn^{3+};充电时,正极把电子释放给外部电子线路,锂离子从金属锂负极材料溶出,电极反应为

$$Li_xMn_2O_4 + yLi^+ + ye \underset{充电}{\overset{放电}{\rightleftharpoons}} Li_{x+y}Mn_2O_4$$

(2) 负极,锂离子在电解液中,通过微孔薄膜往返迁移,然后沉积到锂电极上。电子在外部线路中转移而释放或消耗能量。由这种锂电池的充放电过程可以看到,锂离子的化合价态始终保持 +1 价,无价态转变,所以这种二次电池称为“锂离子电池”。

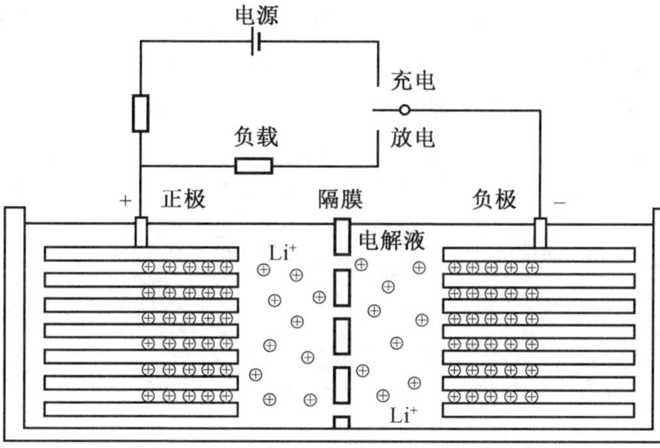

图 6.4.1 锂离子电池充放电原理示意图

三、实验材料仪器

1. 实验材料

锰酸锂($Li_xMn_2O_4$)、铜箔、隔膜(Celgard2400)、锂片、电解液(LB-315,浓度为1 mol/L的$LiPF_6$溶于$V(EC):V(DEC):V(EMC)=1:1:1$的溶液)、扣式电池壳(CR2032)、电池垫片、电池弹片、纽扣电池座等。

2. 实验仪器

CorreTest CS350电化学工作站、电子分析天平、JK-TMJ-200台式加热涂膜机(附带小型真空泵)、台式干燥箱、真空干燥箱、JK-GYJ-100B实验型电动辊压机、JK-CPJ-01扣式电池切片机、JK-CMJ-02扣式电池冲模机、手套箱+JK-YYFKJ-20纽扣电池液压封口机(附带高纯氮气气源)等。

剪刀4把、美工裁纸刀4把、带密封盖广口玻璃瓶(200 mL,用于储存金属锂片)6个、塑料试剂瓶(50 mL,用于装电解液和临时储存金属锂片)6个、1 mL注射器50支、弯型尖嘴镊子10把、直型镊子10把、卷纸2打、宽型透明胶4卷、软导气管(通氮气)30 m、硬导气管(抽真空)30 m、小型静音型空压机1台、硬导气管接头3套、小功率电烙铁2把、带松香的焊锡4卷、大型扳手2把、常用电工工具箱2个、50 mL烧杯50个、200 mL烧杯50个、玻璃棒50支、一次性塑料手套10袋等。

四、实验流程与步骤

(一) 实验流程

搅拌→涂膜→烘烤→辊压极片→切片→切膜→封装→测试

(二) 实验步骤

1. 正、负极的制备

(1) 正极的制备。

按$7:2:1$的质量比,分别称取2.14 g锰酸锂、0.60 g KS6导电剂炭黑和0.30 g黏结剂聚偏二氟乙烯(PVDF),混合均匀后,加入4 mL溶剂N - 甲基 - 2 - 吡咯烷酮(NMP),在烧杯中充分搅拌20 min左右并调节好物料的黏度,然后使用加热涂膜机在铝箔的绒面上(集流体)涂成均匀的薄膜(厚度为200 μm左右),置于60 ℃烘箱中烘2 h,再在120 ℃烘箱中烘6 ~ 8 h至烘干。将烘干的电极滚压,使活性物质与集流体紧密结合。使用电池切片机将压好的电极裁成ϕ14 mm的圆片后,储存备用。其制备流程图如图6.4.2所示。

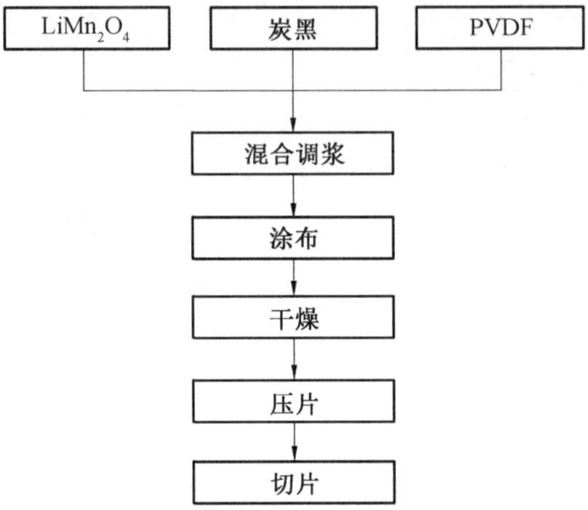

图6.4.2　正极制备流程图

(2) 负极、电解液、隔膜。

负极极片是厚度为2.50 mm、直径为15 mm的锂金属薄片;电解液为LB - 315(浓度为1 mol/L的$LiPF_6$溶于V(EC) : V(DEC) : V(EMC) = 1 : 1 : 1的溶液);隔膜为Celgard2400,将隔膜纸裁剪成直径为Φ16 mm的圆片。把裁剪好后的隔膜、正极片、负极片、电解液、扣式电池壳(CR2032)、电池垫片、电池弹片等转移到充满纯N_2的手套箱内。

2. 实验电池的组装

实验模拟电池装配过程在充满氩气的手套箱中进行,手套箱中氧的体积分数、水的体积分数均须低于10 ppm(1 ppm = 10^{-6})。干燥的电极移入手套箱后,分别将$Li_xMn_2O_4$正极、隔膜、电解液、Li负极、垫片和弹片按顺序装入实验模拟电池的模具中,然后小心地转移到封装机上,使用液压装置压紧电池的上下壳,而且要保证装好的电池密闭不漏电解液。

3. 实验电池的测试

将待测的电池与测试仪器相连,注意避免正负极的短路,从工作站上启动软件,确认已连接的通道。分别进行开路电位、恒电位极化、恒电位阶越、线性扫描伏安法、循环伏安法、交流阻抗和充放电测试。

五、结果与讨论

1. 开路电位(Open Circuit Potential)

测得的EIS和CV是否有意义。

2. 恒电位极化(Constant Potential Polarization)

从数据图判断当电池连接在科斯特电化学工作站时,设定恒定电压及极化时间后,极化电流发生的变化情况。

3. 恒电位阶跃(Constant Potential Step)

设定恒电位、时间和极化电流。初步可以判定在该电位下,电流还未达到稳态。在一定时间之后,开始电流才达到稳定。

4. 线性扫描伏安法(Linear Scan Voltammetry,LSV)

随着电压的逐渐减小,电池的电流也相应减小。虽然发现有几个比较轻微的氧化峰,但电流与电压大体上呈线性关系。这与制备的锂离子电池原理相一致。在电池中,电子转移主要是通过锂离子的嵌入和脱嵌过程形成,并不是依靠金属氧化物自身的氧化还原过程。

5. 循环伏安法(Cyclic Voltammetry,CV)

循环伏安法的原理与线性扫描伏安法相同,只是比线性扫描伏安法多了一个回扫,所以称为循环伏安法。循环伏安法是电化学方法中最常用的实验技术。循环伏安法有两个重要的实验参数,一是峰电位之比,二是峰电位之差。

6. 交流阻抗(Electronic Impedance Spectrometry,EIS)

当电极系统受到一个正弦波形电压(电流)的交流信号的扰动时,会产生一个相应的电流(电压)响应信号,由这些信号可以得到电极的阻抗或导纳。一系列频率的正弦波信号产生的阻抗频谱,称为电化学阻抗谱。

阻抗图中,在中频区有一个小半圆,说明主要受到电荷转移过程的控制;而在高频区出现一个斜向上约45°的斜线,说明主要受到电荷扩散控制。因此可以得到相应的等效模拟电路图。

六、问题与思考

本实验制得的纽扣电池性能优良,与工厂生产的金属锂纽扣电池的各方面性能相差不大,开路电压稳定,循环伏安的重现性好,不足之处是阻抗 - 频率图的半圆半径太大,拟合出来的阻抗元件不尽相同,甚至很难拟合出具体的线路图。

6.5 锂离子电池充放电性能测定

锂离子电池因其端电压高、比能量大、充放电寿命长、放电性能稳定、自放电率低和无污染等优点,得到了广泛的应用。锂离子电池的特性,一般是指锂离子单体电池的特性,如不同电流下的充放电特性、不同温度下的充放电特性等。

一、实验目的

(1) 了解可充锂离子电池的工作原理。

(2) 掌握锂离子电池电性能测试方法。

二、实验原理

可充锂离子电池工作原理:充电时锂从氧化物正极晶格间脱出,锂离子迁移通过有机电解液,嵌入到碳材料负极中,同时电子补偿电荷从外电路供给到碳负极,保证负极的电荷平衡;放电时则相反,锂从负极碳材料中脱出回到氧化物正极中。锂离子电池的充放电反应通常可简单表示为(正向反应为充电过程,逆向反应为放电过程,其中 Me 为过渡金属)

$$Li_xMeO_2 + 6C \longrightarrow MeO_2 + Li_xC_6$$

在锂离子电池中,由于电池单体电压在 3 V 以上,而且金属锂非常活泼,与水可发生剧烈反应,传统的水溶液体系不能适应锂电池,需要使用有机电解液体系。在有机溶剂中溶解含有锂离子的电解质构成有机电解液体系。电池中隔膜的主要作用是离子的导体,并且将电池的正负极隔离以防止电池短路。锂离子电池一般采用高强度薄膜化的聚烯烃多孔膜。

三、实验仪器

蓝电电池测试系统。

四、实验内容及步骤

(1) 将密封好的电池连接到蓝电电池测试系统上,在室温下及 2.0 ~ 4.2 V 间测试电池性能。预先编好充放电程序,输入活性物质量。

(2) 测试条件为:0.2 C 恒流充电至 4.2 V,再 4.2 V 恒压 1 h,静置 10 min,转 0.2 C 恒流放电至 2.0 V,静置 10 min,循环 10 次停止。

(3) 控制低温实验箱温度为 - 10 ℃,将步骤(2) 实验的锂电池放入实验箱 2 h 后进行 1 次充放电循环。

五、数据记录及处理

将实验数据列成表格(见表 6.5.1)。

表 6.5.1 锂离子电池性能测试数据

循环序号			
充电容量/(mA·h)			
放电容量/(mA·h)			
充电比容量/(mA·h·g^{-1})			
放电比容量/(mA·h·g^{-1})			
效率/%			
充电能量/(mW·h)			
放电能量/(mW·h)			
恒流充入容量/(mA·h)			
恒流充入比例/%			
充电比能量/(Wh·kg^{-1})			
放电比能量/(Wh·kg^{-1})			

六、思考题

1. 测试电压范围为何限制在 2.0 ~ 4.2 V 之间?
2. 为何充放电曲线呈反 S 形?

6.6 锂离子电池容量测定

一、实验目的

(1) 了解电池容量概念。
(2) 熟悉锂离子电池容量测试方法及原理。
(3) 掌握锂离子电池容量测试操作。

二、实验原理

1. 电池的容量和比容量

电池的容量是指在一定的放电条件下可以从电池获得的电量,常用C表示,单位常用A·h或 mA·h 表示,是电池电性能的重要指标。容量分理论容量、实际容量和额定容理。

2. 每摩尔电子流过电路所提供的电量 = 96 500 C

$$96\ 500\ \mathrm{C}/3\ 600\ \mathrm{s} = 26.8\ \mathrm{A \cdot h} \tag{6.6.1}$$

3. 理论容量(C_0)

活性物质的理论容量(C_0) 为

$$C_0 = 26.8\ nm_0/M = m_0/q\ (\mathrm{A \cdot h}) \tag{6.6.2}$$

式中 C_0—— 理论容量;
n—— 成流反应得失电子数;
m_0—— 活性物质完全反应质量;
M—— 活性物质的摩尔质量;
q—— 活性物质电化当量。

4. 实际容量

实际容量是指在一定的放电条件下,电池实际放出的电量。近似计算为

$$C = U_{av}t/R \tag{6.6.3}$$

式中 U_{av}—— 电池平均放电电压;
t—— 放电至终止电压时的时间;
R—— 放电电阻。

5. 额定容量

在设计和制造电池时,规定电池在一定放电条件下应该放出的最低限度的电量为额定容量。

6. 比容量

为了对不同的电池进行比较,引入比容量的概念。比容量是指单位质量活单位体积电池所给出的容量,称为质量比容量 C'_m或体积比容量 C'_v

$$C'_m = C/m \quad (\mathrm{A \cdot h \cdot kg^{-1}}) \tag{6.6.4}$$

$$C'_v = C/V \quad (\mathrm{A \cdot h \cdot L^{-1}}) \tag{6.6.5}$$

式中 m—— 电池质量;

V—— 电池体积。

电池容量是指其中正极(或负极)的容量。电池工作时,通过正极和负极的电量总是相等。因此实际工作中常用正极容量控制整个电池的容量,而负极容量过剩。

7. 容量测定

电池容量的测定方法与电池放电性能检测的方法基本一致,有恒电流放电法,恒电阻放电法,恒电压放电法,定电压、定电流放电法,连续放电法和间歇放电法等。根据放电时间与电流的大小就可以计算电池的容量。

恒电流法放电电路如图 6.6.1 所示。采用该法的优点是在放电过程中电流稳定,因而可方便地计算其容量。恒电流法的放电容量与放电电流有很大关系,并且放电制度、充电制度、静置时间等都会对容量有影响。在同样的放电制度下,不同的充电制度对电池的充电效率是不一致的,因此,电池的放电容量也会有区别,如图 6.6.2 所示。国际通行惯例,采用 0.2 C 率电流进行充放电测试。工业上为了节约时间,一般采用 1 C 率进行测定。

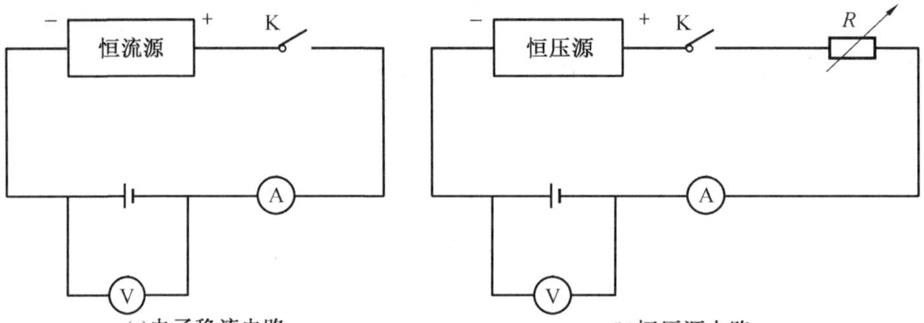

(a)电子稳流电路 (b)恒压源电路

图 6.6.1 恒电流法放电电路

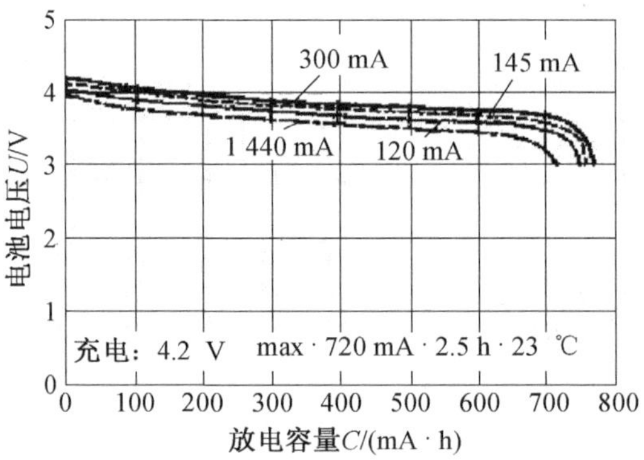

图 6.6.2 锂离子电池的放电特性

三、仪器与样品

(1) 仪器。采用锂离子电池程序充放电测试仪进行容量测定。

(2) 样品。选用与测试仪电流量程相适应的锂离子电池一只,电池容量为测试仪电流量程的 10% ~ 70% 为宜。

四、实验步骤

(1) 将锂离子电池的正负电极引出端子分别与测试仪的红色与黑色鳄鱼夹相连，防止两种颜色的夹子短路。

(2) 打开测试计算机电源，接通电池充放电测试仪电源，从计算机界面上启动电池充放电测试仪程序。

(3) 选中所连接电池的箱号及其窗口，点击鼠标右键，出现下拉菜单栏，点击左键，选中启动栏。

(4) 出现工步设置窗口，锂离子电池的测试过程包括恒流充电、恒压充电、静置、恒流放电、静置、循环和停止等步骤。

(5) 充放电电流、电压，静置时间，截止电流等设置。

电流根据电池容量计算；锂离子电池的恒压充电电压为4.2 V；静置时间为2 h，工业上为节约时间，选用0.1 h、0.2 h、0.4 h等；恒压放电电压为3.0 V及2.5 V；循环次数为100、200、500、1 000次不等，国际标准对一般锂离子电池为500次；最后一个步骤是停止步。截止电流设为充放电电流大小的0.1倍。

(6) 数据记录条件设置。

可取值5 s、15 s、30 s并记录一次数据，根据电池循环次数的多少和计算机存储空间大小而定，一般取30 s。

(7) 安全保护设置。

电压上限设为5 V，下限设为2 V，保护电流范围设为0 ~ 500 mA。

五、实验记录

(1) 记录充满电后电池电压变化情况。

(2) 记录放完电后电池电压变化情况。

(3) 记录电池的充电容量。

(4) 记录电池的放电容量。

(5) 记录电池充放电曲线。

六、思考题

1. 为什么电池充电后静置会发生电压下降？

2. 计算电池的充放电电子效率，即放充电容量之比。

6.7 电极的制备及电动势的测定

一、实验目的

(1) 掌握可逆电池电动势的测量原理和电位差计的操作技术。

(2) 学会几种电极和盐桥的制备方法。

(3) 通过原电池电动势的测定求算有关热力学函数。

二、预习要求

(1) 了解如何正确使用电位差计、标准电池和检流计。

(2) 了解可逆电池、可逆电极、盐桥等概念及其制备。

(3) 了解通过原电池电动势测定求算有关热力学函数的原理。

三、实验原理

凡是能使化学能转变为电能的装置都称为电池(或原电池)。对定温定压下的可逆电池而言,有

$$(\Delta_r G_m)_{T,P} = -nFE \tag{6.7.1}$$

$$\Delta_r S_m = nF\left(\frac{\partial E}{\partial T}\right)_F \tag{6.7.2}$$

$$\Delta_r H_m = -nFE + nFT\left(\frac{\partial E}{\partial T}\right)_F \tag{6.7.3}$$

式中　n—— 电极反应式中电子的计量系数;

F—— 法拉第(Farady) 常数;

E—— 电池的电动势。

可逆电池应满足如下条件:

(1) 电池反应可逆,即电池电极反应可逆。

(2) 电池中不允许存在任何不可逆的液接界。

(3) 电池必须在可逆的情况下工作,即充放电过程必须在平衡态下进行,允许通过电池的电流为无限小。

因此在制备可逆电池、测定可逆电池的电动势时应符合上述条件,在精确度不高的测量中,常用正负离子迁移数比较接近的盐类构成“盐桥” 来消除液接电位。用电位差计测量电动势也可满足通过电池电流为无限小的条件。

可逆电池的电动势可看作正、负两个电极的电势之差。设正极电势为 φ_+,负极电势为 φ_-,则

$$E = \varphi_+ - \varphi_- \tag{6.7.4}$$

电极电势的绝对值无法测定,手册上所列的电极电势均为相对电极电势,即以标准氢电极作为标准(标准氢电极是氢气压力为 101 325 Pa,溶液中为 1),其电极电势规定为零。将标准氢电极与待测电极组成一电池,所测电池电动势就是待测电极的电极电势。由于氢电极使用不便,常用另外一些易制备、电极电势稳定的电极作为参比电极。常用的参比电极有甘汞电极、银 - 氯化银电极等。

1. 求难溶盐 AgCl 的溶度积 K_{SP}

设计电池如下:

$Ag(S) - AgCl(s) \mid HCl(0.100\,0\ mol \cdot kg^{-1}) \parallel AgNO_3(0.100\,0\ mol \cdot kg^{-1}) \mid Ag(s)$

银电极反应:　$Ag^+ + e \longrightarrow Ag$

银 - 氯化银电极反应:　$Ag + Cl^- \longrightarrow AgCl + e$

总的电池反应为　$Ag^+ + Cl^- \longrightarrow AgCl$

$$E - E^{\ominus} - \frac{RT}{F}\ln\frac{1}{\alpha_{Ag} + \alpha_{Cl^-}} \tag{6.7.5}$$

$$E^{\ominus} = E + \frac{RT}{\mathrm{F}}\ln\frac{1}{\alpha_{Ag} + \alpha_{Cl^-}} \tag{6.7.6}$$

又

$$\Delta_r G_m^{\ominus} = -nFE^{\ominus} = -RT\ln\frac{1}{K_{sp}} \tag{6.7.7}$$

式(6.7.7)中 $n = 1$,在纯水中 AgCl 溶解度极小,活度积等于溶度积,所以

$$-E^{\ominus} = \frac{RT}{F}\ln K_{SP} \tag{6.7.8}$$

式(6.7.8)代入式(6.7.6),化简有

$$\ln K_{SP} = \ln \alpha_{Ag^+} + \ln \alpha_{Cl^-} - \frac{EF}{RT} \tag{6.7.9}$$

由已知,测得电池动势 E,即可求 K_{SP}。

2. 求电池反应的 $\Delta_r G_m$、$\Delta_r S_m$、$\Delta_r H_m$、$\Delta_r G_m$

分别测定"1"中电池在各个温度下的电动势,作 $E-T$ 图,从曲线斜率可求得任一温度下的$\left(\frac{\partial E}{\partial T}\right)_F$,利用式(6.7.1)~(6.7.3)、式(6.7.7),即可求得该电池反应的 $\Delta_r G_m$、$\Delta_r S_m$、$\Delta_r H_m$、$\Delta_r G_m^{\Theta}$。

3. 求铜电极(或银电极)的标准电极电势

对铜电极可设计电池如下:

Hg(l) - Hg_2Cl_2(s) | KCl(饱和) ‖ $CuSO_4$(0.100 0 mol · kg^{-1}) | Cu(s)

铜电极的反应为 $Cu^{2+} + 2e \longrightarrow Cu$

甘汞电极的反应为 $2Hg + 2Cl^- \longrightarrow Hg_2Cl_2 + 2e$

电池电动势为

$$E = \varphi_+ - \varphi_- = \varphi^{①}_{Cu^{2+},Cu} + \frac{RT}{2F}\ln \alpha_{Cu^{2+}} - \varphi_{饱和甘汞} \tag{6.7.10}$$

所以

$$\varphi^{\ominus}_{Cu^{2+},Cu} = E - \frac{RT}{2F}\ln \alpha_{Cu^{2+}} + \varphi_{饱和甘汞} \tag{6.7.11}$$

已知 $\alpha_{Cu^{2+}}$ 及 $\varphi_{饱和甘汞}$,测得电动势 E,即可求得 $\varphi^{\ominus}_{Cu^{2+},Cu}$。

对银电极可设计电池如下:

Hg(l) - Hg_2Cl_2(s) | KCl(饱和) ‖ $AgNO_3$(0.100 0 mol · kg^{-1}) | Ag(s)

银电极的反应为 $Ag^+ + e \longrightarrow Ag$

甘汞电极的反应为 $2Hg + 2Cl^- \longrightarrow Hg_2Cl_2 + 2e$

电池电动势为

$$E = \varphi_+ - \varphi_- = \varphi^{\ominus}_{Ag^+,Ag} + \frac{RT}{F}\ln \alpha_{Ag^-} - \varphi_{饱和甘汞} \tag{6.7.12}$$

所以

$$\varphi^{\ominus}_{Cu^{2+},Cu} = E - \frac{RT}{2F}\ln \alpha_{Cu^{2+}} + \varphi_{饱和甘汞} \tag{6.7.13}$$

4. 测定浓差电池的电动势

设计电池如下：

$$Cu(s) \mid \underset{(m_1)}{CuSO_4(0.010\,0\ mol \cdot kg^{-1})} \parallel \underset{(m_2)}{CuSO_4(0.100\,0\ mol \cdot kg^{-1})} \mid Cu(S)$$

电池的电动势为

$$E - \frac{RT}{2F}\ln\frac{\alpha_{Cu^{2+}}(2)}{\alpha_{Cu^{2+}}(1)} - \frac{RT}{2F}\ln\frac{\gamma_{\pm 2} \cdot m_2}{\gamma_{\pm} \cdot m_1} \tag{6.7.14}$$

5. 测定溶液的 pH

利用各种氢离子指示电极与参比电极组成电池，即可从电池电动势算出溶液的 pH，常用指示电极有：氢电极、醌氢醌电极和玻璃电极，这里讨论醌氢醌（$Q \cdot QH_2$）电极。$Q \cdot QH_2$ 为醌（Q）与氢醌（QH_2）等物质的量混合物，在水溶液中部分分解，它在水中溶解度很小。将待测 pH 溶液用 $Q \cdot QH_2$ 饱和后，再插入一只光亮 Pt 电极就构成了 $Q \cdot QH_2$ 电极，可用它构成如下电池：

$Hg(l) - Hg_2Cl_2(S)$ | 饱和 KCl 溶液 || 由 $Q \cdot QH_2$ 饱和的待测 pH 溶液（H +）| Pt(S)

$Q \cdot QH_2$ 电极反应为

$$Q + 2H^+ + 2e \longrightarrow QH_2$$

因为在稀溶液中 $aH^+ = CH^+$，所以

$$\varphi Q \cdot QH_2 = \varphi Q \cdot QH_2 - 2 \tag{6.7.15}$$

可见，$Q \cdot QH_2$ 电极的作用相当于一个氢电极，电池的电动势为

$$E = \varphi_+ - \varphi_- = \varphi^{\ominus}_{Q\cdot QH_2} - \frac{2.303RT}{F}pH - \varphi_{饱和甘汞} \tag{6.7.16}$$

$$pH = (\varphi^{\ominus}_{Q\cdot QH_2} - E - \varphi_{饱和甘汞}) \cdot \frac{2.303\ RT}{F} \tag{6.7.17}$$

已知 $\varphi Q \cdot QH_2$ 及 φ（饱和甘汞），测得电动势 E，即可求 pH。

由于 $Q \cdot QH_2$ 易在碱性液中氧化，待测液的 pH 不超过 8.5。

6. 补偿法测电动势的原理及电位差计

（1）补偿法测电动势的原理。

原电池电动势是在通过电池的电流趋于零时两极间的电位差。倘若不是在电流接近于零时测定电池两极间的电位差（如用伏特表直接测量），则由于极化作用，测得的电池端电压值低于其电动势。补偿法能使电动势测定是在电流趋于零的条件下进行的。

工作电池 E_w 经均匀电阻 R_{AB} 构成一个回路，并在均匀电阻 R_{AB} 上产生均匀的电压降，而待测电池的正极经过检流计 G 与工作电池 E_w 的正极相连，负极则连接到与均匀电阻 R_{AB} 相接触的滑动接触点 C 上。亦即在待测电池的外电路上加上了一个方向相反的电位差，C 点的位置不同，则此电阻值不同。当滑动 C 点使检流计 G 中没有电流流过时，则说明 AC 线段的电位差恰好等于并抵消待测电池之电动势。即

$$E_x = V_{AC} = IR_{AC} \tag{6.7.18}$$

根据式（6.7.18），若知均匀电阻 R_{AB} 的单位长度的电阻值，以及使流过电阻 R_{AB} 的电流强度 I 保持某一已知定值，则测定不同原电池 E_x 时，可根据 AC 的长度直接测得 E_x 值。电位差计就是能满足这样要求的仪器。

(2) 电位差计原理及标准化。

电位差计是根据补偿法原理而设计的一种平衡式电压测量仪器。因为它能直接给出待测电池的电动势值(以伏特表示),故电位差计设计时,就规定了流过测量回路中的工作电流 I_w 为某一定值 I_o。实验时必须将流过电位差计的工作电流调整至 I_o,此调整的操作称标准化。

电位差计分为工作回路与ABCD测量回路(包括标准化回路与测量待测电池回路)。I_w 流经 R_N、R_x 及 R 而返回 E_w,为了保证工作回路流过电流 I_w,设计时规定的 I_o 需用标准电池 E_N 通过补偿法来调整。将电键 K 置于"标准"的位置,根据标准电池温度调整电阻 R_N,使其与标准电池标准电动势值相符,而后调整调节电阻 R,当检流计上无电流通过时,工作回路上的 $I_w = I_o$,有

$$E_N = I_o \times R_N \tag{6.7.19}$$

此过程称为标准化。

然后将电键K转到"待测"的位置,接通"待测"回路,调整电阻 R_x 使检流计无电流通过。这时电阻 R_{AC} 上电压降正好与待测电池电动势相等而被抵消。因工作电流在标准化过程中已被标定,而电阻 R_x 是均匀电阻线,所以从电阻 R_x 刻度盘上直接读得的就是待测电池电动轮的数值。其值为

$$E_x = I_o R_{AC} \tag{6.7.20}$$

由电位差计测电动势原理可以看出,在测量过程中并不是直接精确测量工作电流 I,而是通过标准化操作,使工作电流保持为 I_o,故只需测 R_{AC} 就可以了。测量电动势的精度只依赖于标准电池 E_N 和电阻 R_N、R_x 的精度,这些在仪器制造中容易达到较高的精度,加上使用高灵敏度检流计,使电动势测量极为准确。

四、实验步骤

1. 盐桥制备

将50 mL蒸馏水倒入100 mL烧杯中,加入0.5 g琼脂及0.5 gNaAc加热搅拌,琼脂完全溶解后,稍冷却倒入U形管中,待完全冷却后使用。

2. 实验前准备

(1) 接线。

首先将电位差计的"标准""未知""断"转换开关放在"断"的位置,然后将标准电池、工作电池、电源线接在相应的端钮上(接检流计没有极性要求)。

(2) 调节工作电流。

在调节工作电流前,首先应考虑标准电池电动势受温度的影响,在某一温度下,标准电池电动势可按下式计算,计算结果化整的位数到0.000 01 V:

$$E_T = E_{20} - [39.9(T-20) + 0.94(T-20)^2 - 0.009(T-20)^3] \times 10^{-6} \tag{6.7.21}$$

式中　E_T—— 温度为 T 时标准电池的电动势,V;

E_{20}——20 ℃ 时的标准电池电动势,V;

T—— 测量时室内环境的温度,℃。

按式(6.7.21)计算的数值,在标准电池温度补偿十进盘上加以调整,调整后不再变动。

将"标准""未知"转换开关放在"标准"的位置上,按下"粗"按钮,调节工作电流,使检流计指零,然后再按下"细"按钮重复以上工作使检流计再指零,此时的工作电流即可认为

0.000 1 A，松开全部按钮（当调节过程中，发现检流计受到冲击时，应迅速按下“短路”按钮）。

3. 电极的制备

（1）铜电极的制备。

将铜电极在 $V(HNO_3):V(H_2O)=1:3$ 的稀硝酸中浸泡片刻，取出洗净，作为负极，以另一铜板作为正极在镀铜液中电镀（镀铜液组成为每升中含 125 g $CuSO_4 \cdot 5H_2O$，25 g H_2SO_4，50 mL 乙醇）。控制电流为20 mA，电镀 20 min 得表面呈红色的 Cu 电极，洗净后放入 0.100 0 $mol \cdot kg^{-1}$ $CuSO_4$ 中备用。

（2）锌电极的制备。

将锌电极在稀硫酸溶液中浸泡片刻，取出洗净，浸入汞或饱和硝酸亚汞溶液中约 10 s，表面上即生成一层光亮的汞齐，用水冲洗晾干后，插入 0.100 0 $mol \cdot kg^{-1}$ $ZnSO_4$ 中待用。

4. 电动势的测定

分别测定下列六个原电池的电动势。

①Zn(s) | $ZnSO_4$(0.100 0 $mol \cdot kg^{-1}$) ‖ 饱和 KCl 溶液 | Hg_2Cl_2(s)，Hg(l)

②Hg(l) − Hg_2Cl_2(s) | 饱和 KCl 溶液 ‖ $CuSO_4$(0.100 0 $mol \cdot kg^{-1}$) | Cu(s)

③Zn(s) | $ZnSO_4$(0.100 0 $mol \cdot kg^{-1}$) ‖ $CuSO_4$(0.100 0 $mol \cdot kg^{-1}$) | Cu(s)

④Zn(s) | $ZnSO_4$(0.010 0 $mol \cdot kg^{-1}$) ‖ 饱和 KCl 溶液 | Hg_2Cl_2(s)，Hg(l)

⑤Hg(l) − Hg_2Cl_2(s) | 饱和 KCl 溶液 ‖ $CuSO_4$(0.010 0 $mol \cdot kg^{-1}$) | Cu(s)

⑥Zn(s) | $ZnSO_4$(0.100 0 $mol \cdot kg^{-1}$) ‖ $CuSO_4$(0.010 0 $mol \cdot kg^{-1}$) | Cu(s)

五、数据处理

将实验值与理论值进行对比，并计算相对误差（见表 6.7.1）。

表 6.7.1　数据记录表

电池编号	实验值 E/V			平均值 E/V	理论值 E/V	误差
	一次	二次	三次			
1						
2						
3						

六、思考讨论题

1. 为何测电动势要用补偿法，补偿法的原理是什么？
2. 测电动势为何要用盐桥，如何选用盐桥以适合不同的体系？
3. 在测电动势之前为什么要进行标准化，如何进行标准化？
4. 实验中如何保护标准电池和检流计？
5. 实验中若检流计光点总往一个方向偏转，是何原因？

6.8　液流电池充放电性能测定

液流电池具有电流转换能力好、结构设计灵活、安全性好、操作简便等优点，是一种适用于大规模蓄电储能的新型绿色二次电池。液流电池的性能，一般是指液流电池单电池的充放电特性，如不同电流密度下的电池效率和循环寿命、不同温度下的电池效率和循环寿命等。

一、实验目的

（1）了解液流电池的工作原理。

（2）掌握液流电池电性能测试方法。

二、实验原理

液流电池通过正负极电解液中不同价态的离子在电极表面发生氧化还原反应，完成电能和化学能的相互转化，实现电能的储存和释放。充电时，正极电解液中的活性物质 C^{n+} 失去电子被氧化为 C^{n+y}，负极电解液中的活性物质 A^{m+} 得到电子被还原为 A^{m-x}，放电过程与充电过程恰好相反。电极反应方程式如下：

正极反应：

$$C^{n+} - ye^- \underset{\text{放电}}{\overset{\text{充电}}{\rightleftharpoons}} C^{n+y} \tag{6.8.1}$$

负极反应：

$$A^{m+} + xe^- \underset{\text{放电}}{\overset{\text{充电}}{\rightleftharpoons}} A^{m-x} \tag{6.8.2}$$

图6.8.1为氧化还原液流电池一个基本单元的结构示意图。包含不同氧化还原电对的阳极电解液和阴极电解液通过泵被输送到电堆中的多孔电极中，在电堆内它们被离子交换膜隔开以防止混合，而电化学氧化还原反应发生在电极材料表面上。其中关键材料包括电极、电解液、离子交换膜和集流板：

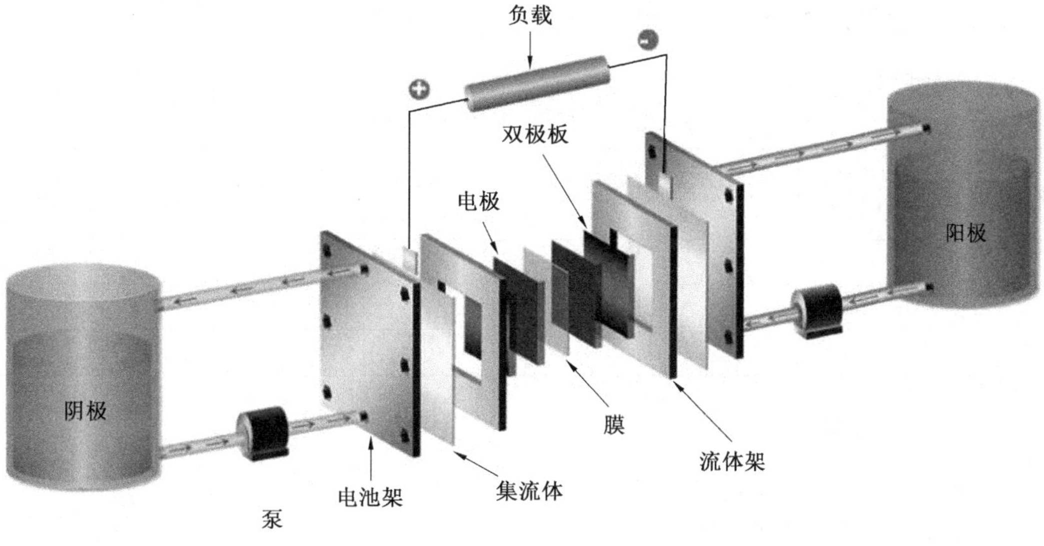

图6.8.1 氧化还原液流电池一个基本单元的结构示意图

（1）电极不参与正负极氧化还原电对的电化学反应，仅提供反应场所，电子穿越电极/电解液界面从而形成电势差，得以充放电。

（2）电解液由活性物质和支持电解质组成，活性物质的含量决定了电池的容量，支持电解质可提高电解液的电导率。

(3) 离子交换膜用于分隔正负极活性物质,同时在电场驱动力下选择性地允许载流子通过离子迁移透过隔膜,以保持电中性和电解液平衡。

(4) 集流板与外部电路相连,用来将外电路的电子供给电极反应或收集电极反应产生的电子流向外电路。

三、实验仪器

蓝电电池测试系统。

四、实验内容及步骤

(1) 单电池测试系统由一个电堆、两个电解液储罐、两个主输送泵、一台控温箱和若干管路构成。电堆中的组装部件包括电极(聚丙烯腈基石墨毡)、离子交换膜(Nafion 115)、集流体(石墨板)、垫片和压缩夹具。压缩夹具包括端板、框架和螺栓。电极面积为 9 cm^2(3 cm × 3 cm)。正负极电解液均为 1 mol/L $FeCl_2$ + 1 mol/L $CrCl_3$ + 3 mol/L HCl,各 50 mL。

(2) 将组装好的电池连接到蓝电电池测试系统上,控温箱温度为 65 ℃。测试条件为:120 mA/cm^2 恒流充电至 1.2 V,静置 10 min,转 120 mA/cm^2 恒流放电至 0.8 V,静置 10 min,循环 3 次停止。

(3) 电池的主要检测性能指标包括:电压效率(Voltage Efficiency,VE)、库仑效率(Coulombic Efficiency,CE)以及能量效率(Energy Efficiency,EE)。电压效率为某时或某荷电状态下电池充放电时的电压比值;库仑效率为电池充放电时的电量比值;能量效率为电池充放电时的能量比值。

五、数据记录及处理

将实验数据列成表格(见表 6.8.1)。

表 6.8.1 液流电池性能测试数据

循环序号	充电容量 /(mA·h)	放电容量 /(mA·h)	CE/%	充电能量 /(mW·h)	放电能量 /(mW·h)	EE/%	VE/%

六、思考讨论题

1. 电池运行温度为何设置在 65 ℃?
2. CE、EE、VE 值与何种材料有关?

6.9 软磁材料磁滞回线的测量

一、实验目的

(1) 了解有关铁磁性材料性质的知识。

(2) 掌握测量软磁材料磁滞回线和基本磁化曲线的原理。

二、实验原理

磁场强度的定义:单位磁路长度流过的电流的大小,即

$$H = \frac{NI}{L_e} \tag{6.9.1}$$

式中 H—— 磁场强度,A/m;

N—— 初级线圈匝数;

I—— 初级线圈电流,A;

L_e—— 样品的有效磁路长度,m。

磁感应强度的定义: 单位面积穿过的磁力线的多少,即

$$B = \frac{\Phi}{NS} \tag{6.9.2}$$

式中 B—— 磁感应强度或磁通密度,T;

Φ—— 磁通量,Wb;

N—— 次级线圈匝数;

S—— 样品的有效截面积,m^2。

软磁材料的样品可做成闭合回路,在样品上绕 N_1 匝初级线圈和 N_2 匝次级线圈,初级线圈里通以电流 i_1,在样品中产生的磁场强度的大小为

$$H = \frac{N_1 i_1}{l} \tag{6.9.3}$$

样品被磁化后产生变化的磁通量,进而在次级线圈中感应电动势,即

$$\varepsilon = -\frac{d\Psi}{dt} = -N_2\frac{d\Phi}{dt} = -N_2 S\frac{dB}{dt} \tag{6.9.4}$$

次级线圈的电压正比于磁感应强度 B 随时间的变化率,积分后就能得到 B。

三、实验器材

FE - 2100SD 系统;游标卡尺;百分之一天平(也可用千分之一天平);软磁材料。

四、实验步骤

(1) 正确连接线路。

(2) 启动计算机,然后启动 FE - 2100M 测试电源,再运行软件。预热 15 min。

(3) 准备好等待测试的环形样品,先量好样品的尺寸并称重,初、次级线圈匝数根据测量要求估算并绕制好。

(4) 测试。

① 新建索引,另存并命名文件夹。

② 选择相应的样品规格,输入样品的尺寸和匝数。

③ 测量模式选择:选中“模拟冲击法”,T_{sw} 输 1 s,并在“测磁化曲线”和“测磁滞回线”前打勾。

④ 输入测试条件。H_i 是测试起点,也是最小测试步长。不同的材料其值均不同,由于它的设定直接影响初始磁导率 μ_i,所以测试时可按照实际测试要求来设定。

⑤ 磁通计漂移调节。接好样品,观察软件界面的磁通表头的读数变化趋势,再旋转电源机箱的前面板的多圈电位器,使表头的读数慢慢稳定,然后按下前面板的清零键,使表头的读数归零。如果表头的读数变化较快可重复此步骤。

⑥ 测试。点击软件的“测试”,系统开始对样品退磁。退磁完毕软件会自动开始测试,直到测试完毕。测试过程中可能会出现测试电流过大等异常状态,测试电源也会相应报警,这时可操作如下:首先按下键盘的“ESC/ 退出”键或点击软件右下方的“取消”,软件会中断测试,然后按下电源机箱的“Alarm”按钮,中断报警。再检查是不是参数、条件错误引起的,或者是不是测试夹或测试线圈短路等引起的,重新调整再测试。

(5) 结果处理。

① 观察数据结果。观察曲线和参数结果的合理性,如有必要可调整参数、匝数重新测量。

② 保存数据。便于日后数据处理或存档。

③ 取下样品,清理现场。

(6) 确保样品已经取下后关闭测试电源,再关闭测试软件。最后关闭计算机,并清理现场。

五、实验报告

将数据结果进行文档处理,作图并分析讨论(见图 6.9.1)。

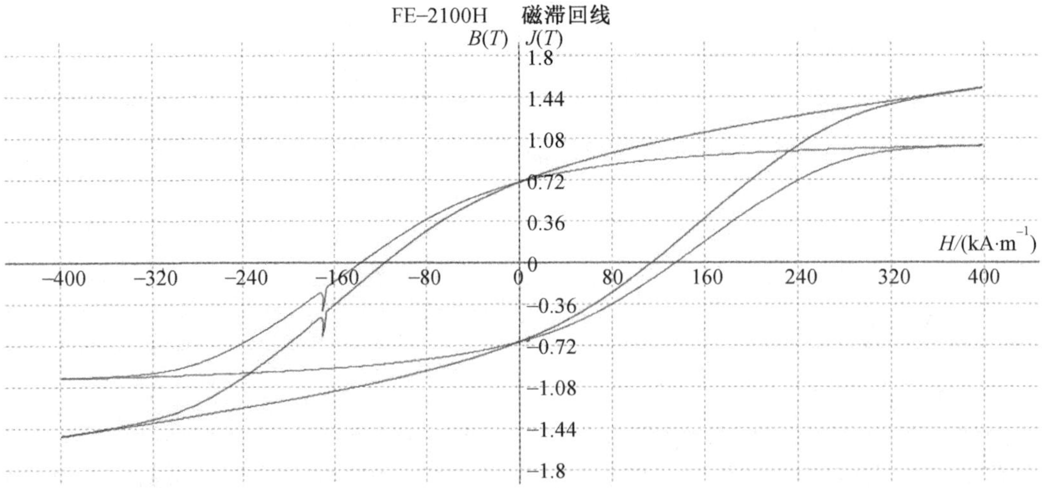

图 6.9.1 样品的磁滞回线

六、思考题

1. 如果测量前没有将材料退磁,会出现什么情况?

2. 测量时磁场 H 是正弦变化的,磁感应强度 B 如何变化? 反之,若磁感应强度 B 是正弦变化的,磁场 H 如何变化?

3. 用非闭合磁路的样品进行测量会导致什么结果?

第 7 章　半导体及光电催化材料综合实验

7.1　电子浆料制备及表征实验

一、实验目的

(1) 了解电子浆料的制备原理。
(2) 熟悉电子浆料的制备方法。
(3) 掌握电子浆料流变性的表征手段。

二、实验原理

陶瓷浆料在基带的作用下前进,形成一个不断伸展的浆料薄层,这就要求浆料对基带要有一定的附着能力,以保证能够形成均匀连续的涂层。因此,浆料的表面特性及其对基带的润湿性就显得非常重要,润湿性不好则浆料在基带上不能铺展,无法成型。浆料的固相含量决定着浆料的流变学特性及成型后坯体的密度,粉料颗粒在浆料中的分散均一性直接影响着生坯的质量及其烧结特性,从而影响着膜材的致密性、气孔率、机械强度和电导率等一系列特性,分散剂的分散效果是决定制膜成败的关键。三乙醇胺的化学结构类似于多元醇(甘油)的结构,在水中的溶解性很好,并且它的结构类似于非离子型表面活性剂(如聚氧化乙烯烷基胺),因此它又是一种较好的表面活性剂,可以大大降低水的表面张力。TEA 为非离子型表面活性剂,它能减小液体(特别是水)的表面和界面张力,从而增大水对陶瓷颗粒的润湿性,使分散体系和乳液稳定。

流变学是研究物体在外力作用下流动和变形的关系,其中涉及的黏度是指抗拒液体流动的一种量度。使液体流动的力有剪切力和拉伸力,液体的剪切黏度定义为

$$\eta = \frac{\tau}{D} \tag{7.1.1}$$

式中　τ—— 剪切力;

D—— 剪切速率。

一定温度下,如果液体的黏度保持不变,这种理想的液体称为牛顿型液体;当液体的黏度随着剪切力或剪切速率变化而变化,即黏度不再是一个常数时,该液体称为非牛顿型流体。在非牛顿型流体中,当黏度随着剪切率的增大而减小(剪切变稀)时,称为假塑性流体。当流体的黏度随着剪切率的增大而增大(剪切增稠)时,称为胀流型流体,如石英砂等。有的流体只有存在一定剪切力才能发生流动,这种流体称为宾汉型流体。非牛顿型流体的黏度不是定值,其在某一剪切条件下测得的黏度称为表观黏度。假塑性流体也称为触变性流体。触变性的原因在于静止时流体内部有一种很弱的网状结构形成,如通过氢键形成的聚合物之间的物理交联,和以固体颗粒为桥由极性吸附形成的聚合物间的交联,这种网状结构在剪切力的作用下被

破坏，一旦撤去剪切力，网状结构又会慢慢恢复。所以，假塑性流体这种剪切变薄行为对浆料成膜有利。

三、仪器与药品

(1) 仪器。球磨机，搅拌机，黏度计等。

(2) 药品。摩尔分数为8% 的钇稳定超细高纯氧化锆(YSZ) 粉体，三乙醇胺，聚乙烯醇，甘油等。

四、实验步骤

(1) 将适量的 YSZ 粉末加入带有磨球的球磨罐中，加入适量的蒸馏水、三乙醇胺球磨 30 min。

(2) 再将一定量的甘油和 PVA 加入球磨管中继续球磨 30 min。

(3) 将混合浆料过筛，去除磨球，得到均匀的陶瓷浆料。

(4) 将陶瓷浆料置于黏度计中测试其黏度及流变性。

五、实验记录

(1) 记录不同 YSZ 含量下陶瓷浆料的黏度及流变性。

(2) 记录不同蒸馏水含量下陶瓷浆料的黏度及流变性。

(3) 记录不同三乙醇胺含量下陶瓷浆料的黏度及流变性。

(4) 记录不同 PVA 含量下陶瓷浆料的黏度及流变性。

六、思考题

1. 往陶瓷浆料中加入三乙醇胺、甘油和 PVA 的目的分别是什么？

2. 陶瓷浆料的黏度与什么影响因素有关？

2. 陶瓷浆料的流变性与浆料的成膜性能有何关联？

7.2 ZnO 纳米薄膜的制备

一、实验目的

(1) 了解纳米薄膜的常用制备方法。

(2) 掌握络合 - 聚合法制备 ZnO 溶胶的方法。

(3) 掌握旋涂法和浸渍 - 提拉法制备薄膜的工艺流程。

二、实验原理

液相化学工艺的络合 - 聚合法制备薄膜是常用的一种化学制备薄膜方法，合成温度低，产物组成均匀，晶粒细小易控制，而且粒径分布很均匀。

金属离子首先与柠檬酸络合形成溶胶，加入聚乙二醇通过缩聚反应形成聚酯网络。通过浸渍 - 提拉法和旋涂法在玻璃基片上沉积薄膜。随温度升高，凝胶膜中的柠檬酸和聚乙二醇发生分解,放出大量气体,产生较大体积收缩,形成 ZnO 非晶薄膜。通过热处理,薄膜中的非晶态转化成细小的晶粒,便形成了 ZnO 纳米晶薄膜。

三、实验仪器及试剂

(1) 仪器。磁力搅拌器,干燥箱,箱式电阻炉,烧杯,量筒,培养皿,表面皿。

(2) 试剂。乙酸锌,柠檬酸,聚乙二醇,蒸馏水。

四、实验步骤

1. ZnO 溶胶制备

准确称取0.01 mol的乙酸锌(相对分子质量220),室温下将其溶解在40 mL的蒸馏水中,磁力搅拌,待其全部溶解后,将0.01 mol的柠檬酸溶解在其中,继续搅拌,待柠檬酸完全溶解后,边搅拌边加入3 g聚乙二醇,溶解后继续搅拌2 h。

2. ZnO 薄膜的制备

将玻璃基片放在盛有蒸馏水的烧杯中超声清洗后,放在干燥箱中干燥后备用。

(1) 旋涂法。将玻璃基片放在涂膜机上,以一定速率高速旋转,用塑料吸管吸取ZnO溶胶逐滴滴到旋转的玻璃基片上,关闭涂膜机,将玻璃基片放到100 ℃的干燥箱中干燥10 min,在空气中冷却后,重复上述操作3次以增大膜层厚度。镀完最后一层膜后,再在100 ℃下干燥30 min。最后放入电阻炉中以2 ~ 3 ℃/min的升温速率升温至600 ℃后保温1 h,随炉冷却至室温,得到ZnO纳米薄膜。

(2) 垂直提拉法。将干燥洁净的玻璃基片快速浸入配制好的溶胶中,静置10 s后,以6 cm/min的提拉速度垂直向上提拉基片,然后立即放入温度为100 ℃的烘箱中干燥10 min,在空气中冷却后,重复上述操作3次以增大膜层厚度。镀完最后一层膜后,再在100 ℃下干燥30 min。最后放入电阻炉中以2 ~ 3 ℃/min的升温速率升温至600 ℃后保温1 h,随炉冷却至室温,即得到ZnO纳米薄膜。

数据记录见表7.2.1。

表7.2.1　数据记录表

	所需物质的量/mol	摩尔质量/(kg · mol^{-1})	所需质量/g
乙酸锌	0.01	220	
柠檬酸	0.01	210	
聚乙二醇			3

五、思考题

1. 溶胶 - 凝胶法制备 ZnO 薄膜时关键环节有哪些?
2. 热处理温度对于所制备的薄膜有什么影响?

7.3 交流阻抗技术测量薄膜电解质离子电导率

一、实验目的

(1) 了解交流阻抗技术原理及应用。

(2) 应用交流阻抗技术测定薄膜电解质离子电导率。

二、实验原理

交流阻抗法是一种以小振幅的正弦波电位(或电流)为扰动信号,叠加在外加直流电压上,并作用于电解池。通过测量系统在较宽频率范围的阻抗谱,获得研究体系相关动力学信息及电极界面结构信息的电化学测量方法。例如,可从阻抗谱中含有时间常数个数及其大小推测影响电极过程的状态变化情况,可以从阻抗谱观察电极过程中有无传质过程的影响等。

本实验采用交流阻抗技术测量聚合物电解质离子电导率。基本测试电池回路的等效电路如图 7.3.1 所示。其中 C_{dl} 是双电层电容,由电极/电解质界面的相反电荷形成,C_g 是两个平行电极构成的几何电容,它的数值较双电层电容 C_{dl} 小,R_b 为电解质的本体电阻。

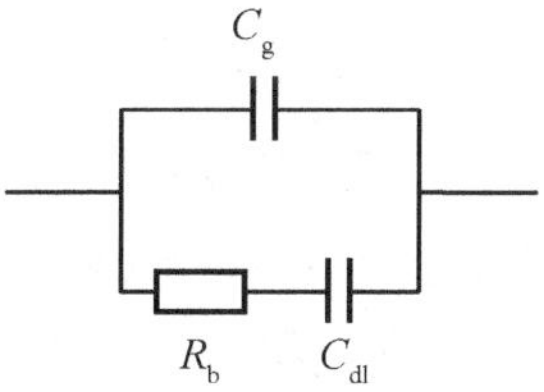

图 7.3.1 测试电池的等效电路

由图 7.3.1 的等效电路计算得相应的阻抗值为

$$Z = \frac{C_{dl}^2 R_b}{(C_g + C_{dl})^2 + \omega^2 C_{dl}^2 C_g^2 R_b^2} - j\frac{C_g + C_{dl} + \omega^2 C_{dl}^2 C_g^2 R_b^2}{\omega(C_d + C_{dl})^2 + \omega^3 C_{dl}^2 C_g^2 R_b^2} \tag{7.3.1}$$

其中,实部为

$$Z' = \frac{C_{dl}^2 R_b}{(C_g + C_{dl})^2 + \omega^2 C_{dl}^2 C_g^2 R_b^2} \tag{7.3.2}$$

虚部为

$$-Z'' = \frac{C_g + C_{dl} + \omega^2 C_{dl}^2 C_g^2 R_b^2}{\omega(C_g + C_{dl})^2 + \omega^3 C_{dl}^2 C^g R_b^2} \tag{7.3.3}$$

在低频区 $\omega \to 0$,式(7.3.2) 简化为

$$Z' = \frac{C_{dl}^2 R_b}{(C_g + C_{dl})^2} \tag{7.3.4}$$

当 $C_{dl} \gg C_g$ 时,则 $C_g/C_{dl} \to 0$ 得到

$$Z' = R_b \tag{7.3.5}$$

纯电阻 R_b 在复平面图上是一条垂直于实轴并与实轴交于 R_b 的直线。

在高频区 $\omega \to \infty$,当 $C_{dl} \gg C_g$ 时式(7.3.2) 简化为

$$Z' = \frac{R_b}{1 + \omega^2 C_g^2 R_b^2} \tag{7.3.6}$$

而式(7.3.3) 简化为

$$-Z'' = \frac{\omega C_g^2 R_b^2}{1 + \omega^2 C_g^2 R_b^2} \tag{7.3.7}$$

将式(7.3.5) 与式(7.3.6) 中的 ω 削去可得

$$(Z' - R_b/2)^2 + (-Z'')^2 = R_b^2/4 \tag{7.3.8}$$

式(7.3.8) 表示的是一个以($R_b/2$,0) 为圆心,$R_b/2$ 为半径的圆方程。在复平面图上表现为一个半圆。

综合式(7.3.5) 和(7.3.8),与图 7.3.1 对应的阻抗图谱如图 7.3.2 所示。该阻抗图是一个标准的半圆(高频部分),外加一条垂直于实轴 Z' 的直线(低频部分)。

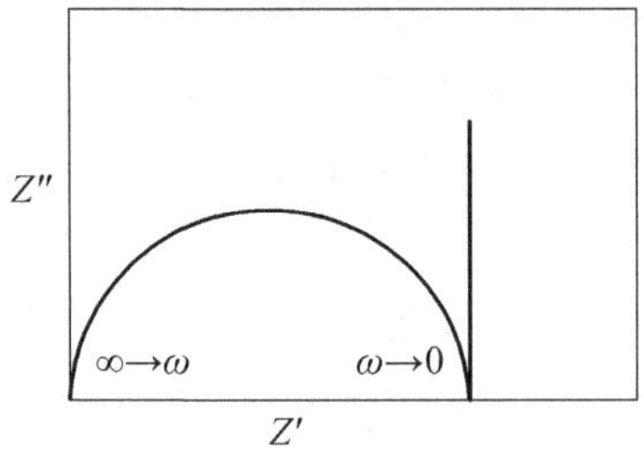

图 7.3.2 与图 7.3.1 等效电路对应的阻抗图谱

由图 7.3.2 中直线与实轴的交点,可求出本体电解质的电阻值 R_b。通过测定测试电池的电极面积 A 与聚合物电解质膜的厚度 d,即可求得该导电聚合物的电导率为

$$\sigma = \frac{d}{R_b \cdot A} \quad (\mathrm{S \cdot cm^{-1}}) \tag{7.3.9}$$

在实际聚合物电解质电导率测量中,通常得到的是由压扁的半圆和倾斜的尾线组成,如图 7.3.3 所示。因此仅用电阻和电容组成的等效电路,不能很好地解释电极 / 电解质界面双电层。近年来,人们采用固定相元 cpe 作为等效元件来解释阻抗数据。

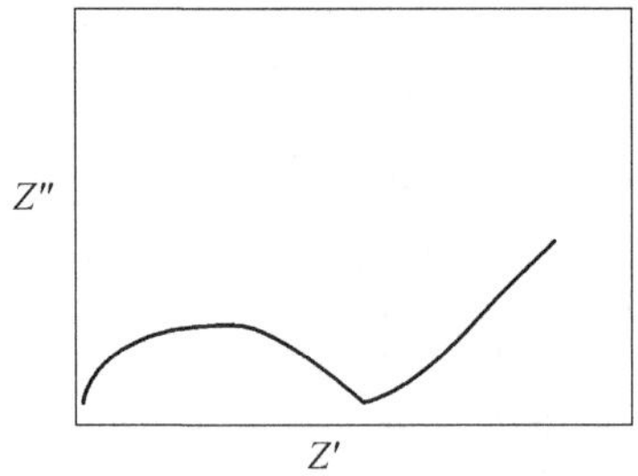

图 7.3.3 聚合物电解质阻抗图

所谓固定相元 cpe,可想象为一个漏电容,其性质介于电阻与电容之间,其阻抗表达式为

$$Z_{\mathrm{cpe}} = K(\mathrm{j}\omega)^{-p} = K\omega^{-p}[\cos(p\pi/2) - \mathrm{j}(\sin(p\pi/2))] \tag{7.3.10}$$

其中,$0 \leqslant p \leqslant 1$;$K$ 为常数。

将固定相元 cpe 引入聚合物电解质测定的等效电路中,能较好地解释图 2 与图 3 阻抗图谱的不同。在低频区阻抗图上,是一条与实轴相交于 $O(R_b,0)$ 点并与实轴呈 $p\pi/2$ 角度的直线,在高频区为一旋转放大的半圆。

三、实验步骤

(1) 将一定尺寸聚合物电解质膜夹在两片金属电极间,连接好测量线路。

(2) 在电化学综合测试仪上测定样品的交流阻抗谱。频率范围为 10 ~ 10^5 Hz。

四、实验数据记录与处理

由交流阻抗图谱中尾线与实轴的交点,读取聚合物电解质的本体电阻,计算该聚合物电解质的电导率。

五、思考题

(1) 测量薄膜电解质电导率的方法有哪些?

(2) 交流阻抗法测定电导率的原理是什么?

7.4　半导体光电探测材料的吸收系数和光学禁带宽度的计算

一、实验目的

(1) 通过对半导体材料透射光谱的测试,理解半导体材料对入射光子的吸收特性,计算半导体材料的光吸收系数随波长的变化。

(2) 理解如何通过调整材料的组分实现在特定波段对光子的探测,计算半导体材料的光学禁带宽度。

二、实验内容

(1) 测试半导体光电探测材料的透射光谱。

(2) 根据测试数据计算材料的光吸收系数随入射波长的变化,并由此推算材料的光学禁带宽度。

三、实验器材

紫外可见分光光度计;实验样品;空白基片。

四、实验原理

当物体受到外来光波的照射时,光子会和物体中的微粒发生相互作用。由于组成物体的分子和分子间的结构不同,因此入射光分成几个部分:一部分被物体吸收(吸收),一部分被物体反射(反射),还有一部分穿透物体而继续传播(透射)。

透射是入射光经过折射穿过物体后的出射现象。被透射的物体为透明体或半透明体,若透明体是无色的,除少数光被反射外,大多数光均透过物体。为了表示透明体透过光的程度,通常用入射光通量与透过后的光通量之比(T)来表征物体的透光性质,称为光透射率。

常用的分光光度计能精确测量材料的透射率,测试方法具有简单、操作方便、精度高等突出优点，是研究半导体能带结构及其他性质的最基本、最普遍的光学方法之一。

当一定波长的光照射半导体材料时，电子吸收能量后会从低能级跃迁到能量较高的能级。对于本征吸收，电子吸收足够能量后将从价带直接跃迁入导带。发生本征吸收的条件是：光子的能量必须等于或大于材料的禁带宽度 E_g，即

$$h\nu \geqslant h\nu_0 = E_g \tag{7.4.1}$$

而当光子的频率低于 ν_0，或波长大于本征吸收的长波限时，不可能发生本征吸收，半导体的光吸收系数迅速下降，这在透射光谱上表现为透射率的迅速增大。

光波透过厚度为 d 的样品时，吸收系数同透射率的关系为

$$T = (1 - R)^2 e^{-\alpha d} \tag{7.4.2}$$

即

$$\alpha = \frac{1}{d}\ln\frac{(1 - R)^2}{T} \tag{7.4.3}$$

式中 d—— 样品厚度；

R—— 对应波长的反射率；

T—— 对应波长的透射率。

实验所选样品为 ZnO 基薄膜材料，入射光垂直照射在样品表面，且样品表面具有纳米级的平整度，在紫外和可见光波段的反射率很小，所以在估算禁带宽度时，忽略反射率的影响，则吸收系数 α 可简单表示为

$$\alpha = \frac{1}{d}\ln\frac{1}{T} \tag{7.4.4}$$

因此，在已知薄膜厚度的情况下，可以通过不同波长的透射率求得样品的吸收系数。

在求得材料吸收系数的情况下，计算半导体材料的禁带宽度为

$$\alpha h\nu = A(h\nu - E_g)^{\frac{m}{2}} \tag{7.4.5}$$

式中 α—— 吸收系数；

$h\nu$—— 光子能量；

A—— 材料折射率、折合质量和真空中光速的函数；

E_g—— 材料的禁带宽度；

m—— 常数，对于直接跃迁来说，$m = 1$；如果是间接跃迁，$m = 4$。

ZnO 薄膜是一种直接带隙半导体，在本征吸收过程中产生电子的直接跃迁，因此 m 取 1，则式(7.4.5) 可以表示为

$$\alpha h\nu = A(h\nu - E_g)^{1/2} \tag{7.4.6}$$

对于禁带宽度的计算，可根据 $\alpha h\nu \propto h\nu$ 的函数关系作图，将吸收边陡峭的线性部分外推到$(\alpha h\nu)^2 = 0$ 处，与 x 轴的交点即为相应的禁带宽度值。

五、实验步骤

(1) 样品准备。将清洗干净的空白基片放在样品台的 1 号位(即参考位)；将掺杂浓度不同的 ZnO 基薄膜样品分别置于样品台的 2 号位、3 号位和 4 号位。

(2) 打开仪器电源。

(3) 选择仪器的工作模式为波长扫描，并选择透射率测试。

(4) 依次测试样品的透过率,保存数据。
(5) 实验测量结束,关闭电源开关。

六、实验报告要求

(1) 整理实验测试结果,观察半导体材料吸收带边的变化趋势。
(2) 根据测试数据,任选一个样品计算材料的吸收系数及光学禁带宽度。

七、思考题

1. 如何从吸收系数随波长的变化判断半导体材料的能带结构?
2. 通过什么技术途径可以实现材料的日盲紫外探测?

7.5 半导体光电导探测器 $I-V$ 特性及响应时间特性测试

一、实验目的

(1) 了解光电导探测器的工作特性。
(2) 掌握光电探测器 $I-V$ 特性及其响应时间特性的测量方法。
(3) 了解光电导探测器的简单应用电路。

二、实验原理

1. 光电导探测器的伏安特性

光电导探测器的实质为光敏电阻,应符合欧姆定律,对多数半导体,当电场强度超过 10^4 V/cm(强光时),不遵守欧姆定律。实验中光电导探测器样品的电极和光电导体之间呈欧姆接触,通过测试其 $I-V$ 特性,可得其 $I-V$ 特性曲线大致为一条直线。

2. 响应时间

响应时间是描述光电导探测器对入射辐射响应快慢的一个参数。即当入射辐射到光电导探测器后或入射辐射遮断后,光电导探测器的输出上升到稳定值或下降到照射前的值所需时间称为响应时间。光电导探测器响应较慢,上限频率较小。其上升时间定义为从最小的输出值到峰值的63% 的时间,下降时间为从峰值下降到峰值的37% 的时间。上升时间和下降时间相加即为探测器的时间常数。

三、实验内容

(1) 光电导探测器的 $I-V$ 特性测试。
(2) 光电导探测器的响应时间特性测试。

四、实验器材

X - Y 记录仪一台;数字示波器一台;半导体光电探测器一只;串联电阻一只;红外光源一台。

1. *I* - *V* 特性测试

(1) 准备好实验设备,检查是否齐全。

(2) 将探测器放置在待测支架上,连接电路。

(3) 打开微机及 X - Y 记录仪,启动软件并选择常规方式。电压输出设置为三角波,范围为 - 10 V ~ + 10 V。

(4) 断开开关 K,测试无光 *I* - *V* 特性。

(5) 打开开关 K,测试在光照下的 *I* - *V* 特性。

(6) 保存结果。

2. 响应时间测试

脉冲法测量光电导探测器的响应时间:因为 X - Y 记录仪的采样频率较低,无法满足光电探测器的响应时间测试精度。因此,在探测器响应时间测试中,仅将 X - Y 记录仪作为恒压源,而探测器的上升时间和下降时间通过示波器显示并记录。在打开光源开关时,在示波器上会有一个上升沿,可以算出上升时间;关闭光源开关时,在示波器上有一个下降沿,可以算出下降时间。

(1) 将探测器和电阻串联在电路中,X - Y 记录仪作为恒压源,以示波器测量探测器两端的电压。

(2) 打开仪器开关,恒压源提供恒定电压。

(3) 打开光源开关,测试探测器的上升时间,记录并保存数据。

(4) 待曲线稳定后,关闭光源开关,测试探测器的下降时间,记录并保存数据。

(5) 测试结束,关闭电源。

五、实验报告要求

(1) 根据测试结果,绘出光电导探测器样品的 *I* - *V* 特性曲线并计算 2 V 电压下的光电流值。

(2) 根据探测器的响应时间曲线计算光电导探测器样品的时间常数。

六、思考题

1. 实验中的光电导探测器有哪些工作特性?
2. 为什么光电导探测器响应时间较长?

7.6 光电催化降解水中甲基橙

一、实验背景及目的

近年来,随着印染工业的快速发展,排放到水中的有害染料严重危害了人们的正常健康生活。为此,光催化及光电催化降解有机污染物技术备受关注,其优点在于该反应可以在温和的条件下有效地矿化降解污水中的低浓度污染物。

通过本实验,了解光催化 - 光电催化的原理及装置,认识及掌握光催化及光电催降解水中有机物的性能及其测试方法。

二、光电催化原理

光电催化技术是从半导体光催化氧化技术衍生发展而来的一项深度氧化技术。当入射光照射到光催化剂表面时,电子从价态跃迁至导带,从而在其表面形成电子空穴对。其光生空穴氧化性很强,几乎可以氧化所有的有机基团,使其完全分解,成为无害物质。大多数光催化反应是直接或间接利用空穴的氧化能力。空穴与吸附在光催化剂表面上的 OH^- 或 H_2O 形成羟基自由基 · OH。其反应原理如下:

$$\text{光催化剂} + h\nu \longrightarrow e + h^+$$

$$h^+ + H_2O \longrightarrow \cdot OH + H^+$$

$$h^+ + OH^- \longrightarrow \cdot OH$$

$$O_2 + e \longrightarrow \cdot O_2^-$$

$$\cdot O_2^- + H^+ \longrightarrow HO_2 \cdot$$

根据光催化反应机理,光催化化学反应的步骤包括:

(1) 光催化剂受光子激发后产生载流子,即光生电子和空穴。

(2) 载流子之间发生复合反应,并以热或光能的形式将能量释放。

(3) 由价带空穴诱发氧化反应。

(4) 由导带电子诱发还原反应。

(5) 发生进一步的热反应或催化反应。

(6) 捕获导带电子生成光催化剂(如 h^+)。

(7) 捕获价带空穴生成光催化剂 · OH 基团。

光催化中存在比较明显的问题:光催化剂受到光照射后产生的电子 - 空穴对复合概率较大,因而光子利用效率较低,光催化活性不高。为了解决以上不足,将光催化剂粉末固定在导电的金属上,同时,将固定后的催化剂作为工作电极,采用外加恒电流或恒电位的方法迫使光生电子向对电极方向移动,从而与光生空穴发生分离。这种方法称为光电催化方法。光电催化技术能够减小电子 - 空穴对的复合概率,达到了提高光催化效率的目的。

三、实验的方法和步骤

实验装置示意图如图7.6.1所示。以 TiO_2/ITO或ITO玻璃为工作电极,Pt片为辅助电极,Ag/AgCl为参比电极构成三电极光催化反应体系,置于反应槽中。反应槽有效容积500 mL,相对工作电极的一面为石英玻璃,供紫外光透过,光源距工作电极约9 cm。本实验中固定光辐照强度不变,即固定光源位置不变。外加偏压通过电化学工作站完成。甲基橙模拟废水体积为400 mL,调节pH约为2,室温,偏压2 V。充分搅拌30 min后开启光源。每隔30 min取样3 mL,共取样4次。样品加入比色皿,采用紫外 - 可见分光光度计测定甲基橙溶液降解过程的吸光度变化,记录实验数据。

在酸性甲基橙最大吸收波长处(464 nm)测定其吸光度,以甲基橙溶液的降解率(η)表征降解反应,η 为

$$\eta = (c_0 - c_t)/c_0 \times 100\,\% \qquad (7.6.1)$$

式中 c_0—— 起始时刻(t_0)溶液的浓度;

c_t—— 反应时间 t 时溶液的浓度。

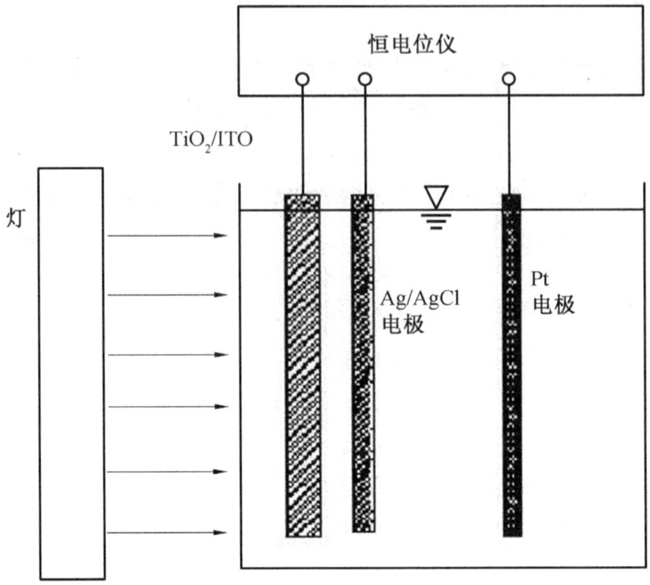

图 7.6.1　实验装置示意图

四、实验数据处理

数据记录见表 7.6.1。

表 7.6.1　数据记录表

序号	取样时间 /min	吸光度	甲基橙浓度（20 mg/L）	降解率 η
1	0			
2	30			
3	60			
4	90			
5	120			

五、思考题

1. 经过光电催化反应，水中的甲基橙是否被彻底矿化？
2. 如何确认水中的有机污染物的矿化程度？

7.7　纳米多孔 g－C_3N_4 光催化剂的合成及其催化性能

一、实验目的

（1）了解纳米光催化技术的基础知识和发展趋势。
（2）掌握水溶液辅助焙烧法制备纳米粒子的原理，用水溶液辅助焙烧法制备纳米多孔 g－

C_3N_4 微粉。

（3）了解纳米粒子常用的表征手段。

（4）掌握纳米材料的合成方法并了解其应用前景。

二、实验原理

半导体光催化分解毒性污染物有两个优点：（1）适当选择催化剂，可以利用太阳能处理毒性污染物，节约能源；（2）一些半导体的光生空穴具有很强的氧化能力，能矿化降解绝大多数有机物质，而且能将它们最后分解为 CO_2、水和无机物，避免了用化学方法处理带来的二次污染。

2009年以来，以石墨相氮化碳（$g-C_3N_4$）为基体的半导体复合材料得到迅猛发展，打破了传统金属半导体在光催化领域的垄断。$g-C_3N_4$ 的可见光响应能力、高性价比以及稳定的物理化学性能成为光催化、光电领域的重要研究方向之一。目前，$g-C_3N_4$ 制备方法主要有物理法和化学法。物理法相对来说简单，但主要由早期合成超硬氮化碳技术发展而来，用于薄膜氮化碳的制备，而且对仪器的要求也高。电化学沉积法和溶剂热法属于化学法制备 $g-C_3N_4$ 中较为复杂的两种方法，成本也高。溶剂热中的硬模板法和软模板法可以制备特殊形貌的 $g-C_3N_4$，但一种对试剂要求严格，要避免使用有害药品；另外一种则过程不易控制。近年来，作者团队提出一种简便的水溶液辅助焙烧技术，对 $g-C_3N_4$ 的形貌及结构进行原位调控，制备出具有三维纳米多孔的类石墨烯 $g-C_3N_4$。

制备纳米粒子的方法很多，如化学沉淀法、溶胶－凝胶法、水热法、微乳液法、反相胶团法、气相法等。而水溶液辅助焙烧法的优点是：（1）反应温度低，反应过程易于控制；（2）制品的均匀度和纯度高、均匀性可达分子或原子水平；（3）能通过调控加热温度的变化来改善 $g-C_3N_4$ 的微观形貌、能带结构及光响应性能；（4）水作为反应介质在加热过程中形成的气体对 $g-C_3N_4$ 起到了剥离刻蚀的作用，使 $g-C_3N_4$ 在制备过程中由块体向纳米片状结构转变；（5）工艺简单，不需要昂贵的设备。

纳米材料的表征方法包括：

（1）粒度分析。激光粒度分析法、电镜法粒度分析法等。

（2）形貌分析。扫描电镜、透射电镜、扫描探针显微镜和原子力显微镜等。

（3）成分分析。包括体材料分析方法和表面与微区成分分析方法，体相材料分析方法有原子吸收光谱法，电感耦合等离子体发射法，X射线荧光光谱分析法。表面与微区成分分析方法包括电子能谱分析法、电子探针分析方法、电镜－能谱分析方法和二次离子质谱分析方法等。

（4）结构分析。X射线衍射，电子衍射等。

（5）界面与表面分析。X射线光电子能谱分析，俄歇电子能谱仪等。

三、仪器与试剂

（1）仪器。电磁搅拌器，离心机，恒温干燥厢，高温炉，光化学反应器，高速离心机，紫外－可见分光光度计，X射线衍射仪，透射电子显微镜等。

（2）试剂。尿素，无水乙醇，蒸馏水，甲基橙等。

四、实验步骤

1. 纳米多孔 $g-C_3N_4$ 的制备

将尿素溶解于去离子水中形成匀质的尿素水溶液，两者的质量比为 3∶4。将盛有尿素水溶液的刚玉坩埚放入马弗炉中，以配套的刚玉盖盖紧，之后以 25 ℃/min 的升温速率升温到 400 ℃ 后保温 1 h，再以同样的升温速率升至 450 ~ 550 ℃，并保温 2 h。待马弗炉温度自然冷却至室温后，取出坩埚内的 $g-C_3N_4$ 块体研磨过筛，得到蓬松淡黄色 $g-C_3N_4$ 粉末。

改变实验条件，探索焙烧温度和焙烧时间对纳米粒子大小的影响。

2. 纳米多孔 $g-C_3N_4$ 的表征

以透射电子显微镜观测产物的粒度，以 X 射线衍射仪测定产物结构。

3. 光催化实验

将初始浓度为 20 mg/L 的甲基橙溶液 250 mL 置于光化学反应仪中，加入一定量的纳米多孔 $g-C_3N_4$ 光催化剂，分散均匀，打开氙灯光源，并同时记下反应时间。每隔一定的时间取样，高速离心分离后测定甲基橙溶液的吸光度变化，并与不加光催化剂的情况进行比较，从而评价纳米多孔 $g-C_3N_4$ 的光催化性能。

五、思考题

1. 水溶液辅助焙烧法制备纳米多孔粉体过程中，哪些因素影响产物的粒径大小及其分布？
2. 影响纳米多孔 $g-C_3N_4$ 光催化性能的因素有哪些？
3. 纳米粒子常用的表征手段有哪些？

7.8 光催化产氢和 CO_2 转化

一、实验目的

(1) 通过参与光催化反应实验，认识光催化这一前沿热点研究领域并了解光催化反应的基本原理。

(2) 掌握 TiO_2 - 石墨烯与 Pt/TiO_2 等光催化剂的制备方法。

(3) 认识光催化制氢等反应过程。

二、实验原理

光催化是 20 世纪 70 年代以来发展起来的研究领域。光催化分解水制氢和光催化还原 CO_2 被认为是解决人类所面临的能源和环境问题的终极途径。

水分解制氢和氧是热力学不可行而需要光或电驱动的化学反应。1972 年日本学者 Fujishima 和 Honda 在 *Nature* 杂志上发表了关于 TiO_2 电极上光分解水制氢的论文，这标志着一个光催化新时代的开始。随着化石资源日益枯竭和全球 CO_2 问题日益严峻，进入 21 世纪后光催化已引起更广泛的关注。当前，光催化研究主要包括光催化制氢、放氧、还原 CO_2、无机或有机污染物降解、化学合成等方向。

光催化反应一般包括以下三个过程：

(1) 当入射光光子能量 $h\nu$ 大于半导体的带隙(Band gap)能时，电子会被激发，从价带(Valence Band,VB)跃迁到导带(Conduction Band,CB)，这时在导带和价带位置上分别产生光生电子和空穴(图7.8.1)。

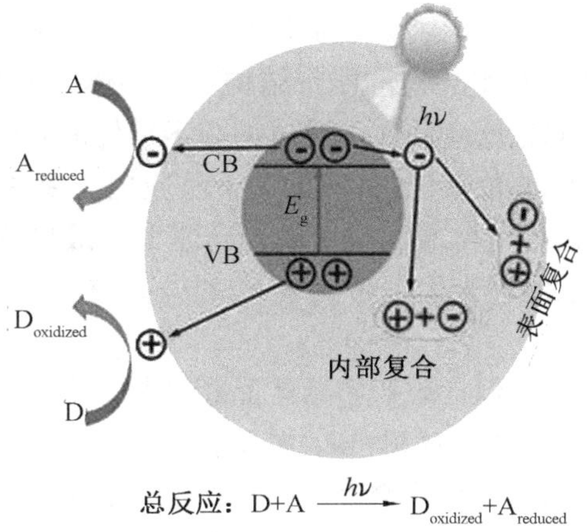

图7.8.1 光催化机理图

(2) 在光催化反应中，光生电子和光生空穴被激发后会经历多个变化途径，主要存在相互复合和被捕获两个相互竞争的过程。包括光生电子和空穴迁移到半导体表面，以及表示光生电子和空穴重新相遇而复合，通过辐射或无辐射的方式散发能量，称为去激化过程，对光催化反应不利。

(3) 光生电子和空穴从体相迁移到半导体表面并与半导体表面吸附的物质发生还原和氧化过程。

氢能作为二次能源，具有清洁、高效等诸多优点，而利用太阳能实施光解水制氢则是氢气来源最环保和最可持续的方法。光催化剂通常为半导体催化剂。要实现光分解水必须满足如下基本条件：

(1) 半导体禁带宽度必须大于水的分解电压理论值1.23 eV。

(2) 半导体导带电位比氢的标准电极电势(H^+/H_2)(0 V vs NHE,pH=0)更负，价带电位比氧的标准电极电势(O_2/H_2O)(1.23 V vs NHE,pH = 0)更正。

(3) 光提供的量子能量应该大于半导体的禁带宽度。

在满足以上基本条件下，半导体催化剂的光生电子便能如图1中过程一样将水中的 H^+ 还原为 H_2。TiO_2 的带隙能约为3.2 eV，CdS的带隙能约为2.4 eV，两者分别为研究得最多的紫外光和可见光催化剂。

另外，面对日益严峻的环境问题，发展高效绿色的降解环境污染物的方法来解决环境问题变得十分重要。大量研究表明，半导体光催化产生的活性物种具有氧化性强的特点，对许多难以降解的有机物具有特别的重要意义。一般认为，光催化污染物降解的有效氧化剂是羟基自由基(·OH)，·OH的氧化性高于常见的臭氧、过氧化氢、高锰酸钾、次氯酸等。以最常见的 TiO_2 催化剂为例，其产生·OH的过程如下：

$$TiO_2 \xrightarrow{h\nu} e + h^+$$

$$h^+ + H_2O \longrightarrow \cdot OH + H^+$$

$$e + O_2 \longrightarrow \cdot O_2^- \xrightarrow{H_+} HO_2 \cdot$$

$$2HO_2 \cdot \longrightarrow O_2 + H_2O_2$$

$$H_2O_2 + \cdot O_2^- \longrightarrow \cdot OH + HO^- + O_2$$

根据光催化基本原理(图7.8.1)中涉及的几个过程,可以总结出以下几点来提高光催化反应效率的方法。过程(i)取决于半导体的能带结构。半导体的能带结构决定了其氧化还原能力的强弱,从而决定了其光催化反应活性。通过调整半导体的导带位能,其高于反应电子受主物种的相关电位;调整半导体的价带位能,使其低于反应电子供主物种的相关电位,使材料与反应相匹配。对于过程(ii),光生电子和空穴的复合速率一般极快(为 10^{-15} ~ 10^{-6} s)。提高光催化反应效率的关键在于促进光生电子－空穴的分离,提高电荷迁移速率,避免电子－空穴的复合。

目前,提高电荷分离效率主要包括改变半导体晶相结构和粒子尺寸、添加助催化剂、半导体复合以及碳－半导体复合等方式。过程(iii)涉及表面化学反应,其关键在于提高光催化剂对反应物的吸附,使用合适的助催化剂并增大反应活性位的数量,同时还要抑制逆反应进行。目前绝大多数光催化剂都存在光量子效率低的问题,设法避免光生电子－空穴的复合是提高光量子效率的重要手段之一。碳材料与半导体所组成的纳米复合物是近年来研究较多的一类光催化剂。由于碳材料通常具有较好的电荷传递性能,有助于光生电荷的分离与迁移,从而可以提高半导体的光催化活性。常用的碳材料主要包括活性炭、富勒烯、碳纳米管、石墨烯(graphene)等。单层sp2杂化碳原子构成的具有二维结构的石墨烯材料因其具有极大的理论表面积、极低的电阻率、极快的电子迁移速率以及很高的机械强度等特性,因而石墨烯有可能发展成为良好的光催化剂助剂。

TiO_2－graphene复合物是近年颇受关注的一类碳材料与半导体的纳米复合物,其运用于光催化反应具有如下优点:

(1) TiO_2 和 graphene 间可形成 Ti—O—C 键结合,使该材料相比于单纯的 TiO_2 具有更宽的光吸收范围(拓展至可见光)。

(2) 因为 graphene 的电子迁移速率极快,其作为光生电子受体,可以有效增强电荷分离效率,避免电子－空穴的复合,提高光催化活性。

(3) 由于 graphene 与有机染料之间可以形成较强的 π—π 键,因此该材料相比于纯 TiO_2 对有机污染物具有更强的吸附能力。

另一方面,贵金属助催化剂的加入也能有效提高半导体的光催化活性。一方面贵金属可有效地俘获光生电子,导致光生电子和空穴分离,从而抑制了电子和空穴的复合。另一方面贵金属也可作为放氢的优良催化剂。

三、实验步骤

1. 0.2% Pt/TiO_2 的制备

以光化学还原沉积的方法制备 Pt 促进的 TiO_2 光催化剂。

(1) 称取 100 mg TiO_2 超声分散于 80 mL 水和 20 mL 甲醇的混合溶液中。

(2) 向上述溶液中加入 Pt 的质量浓度为 4 mg/mL 的 H_2PtCl_6 溶液 50 μL,在搅拌条件下光照20 min。

（3）离心分离，去离子水洗涤，于 323 K 的真空干燥箱中干燥。

2. Graphite oxide（GO）的制备

GO 的合成采用 Hummers & Offeman 的经典合成方法。

（1）称取 1.0 g 石墨和 0.5 g $NaNO_3$ 装入盛有 23 mL 浓 H_2SO_4 的锥形瓶中。

（2）将锥形瓶置于冰浴中，边搅拌边缓慢加入 3 g $KMnO_4$，然后移除冰浴，在 308 K 的水浴中搅拌 30 min。

（3）向上述溶液中缓慢加入 46 mL 去离子水，溶液放热至温度上升到 371 K，搅拌 15 min。

（4）向上述溶液中加入 150 mL 2%（质量分数）的 H_2O_2 溶液，得到棕黄色悬浊液。

（5）离心分离出棕黄色胶状沉淀，以 5%（质量分数）的 HCl 洗涤至不能被 $BaCl_2$ 检测出 SO_4^{2-}，去离子水洗涤多次后，于 323 K 的真空干燥箱中干燥，备用。

3. TiO_2 - graphene（TiO_2 - GR）的制备

水热条件可使 GO 还原成 GR，同时使 TiO_2 与 GR 形成复合物，具体步骤如下：

（1）将一定量的 GO 于水中超声 1 h，形成棕黄色溶液。

（2）于上述溶液中加入 TiO_2，搅拌 1 h。

（3）将上述溶液转入聚四氟乙烯内胆的高压反应釜中，453 K 条件下水热 6 h。

（4）冷却，离心分离，去离子水洗涤，于 323 K 的真空干燥箱中干燥。

4. 光解水制氢反应

光催化制氢反应在 Labsobar - H_2 系统中进行（见图 7.8.2），该系统包括光源、反应器、磁控体循环系统、真空系统和在线采样系统。其中光源为 300 W 氙灯（$\lambda \geqslant 320$ nm）。反应时，于反应器内加入 100 mg 催化剂并超声分散于 80 mL 水和 20 mL 甲醇的混合溶液中。产生的 H_2 由气相色谱仪在线分析。

5. 有机染料甲基橙（MO）光降解反应

甲基橙光降解反应在石英烧瓶内进行。反应前，于烧瓶内加入 50 mg TiO_2 - GR 催化剂并超声分散于 50 mL 0.010 g/L 的 MO 溶液中，置于暗室中搅拌 30 min 使催化剂表面达到对 MO 的吸附平衡。反应在室温下不断搅拌中进行，打开光源时开始计时，每隔一定时间后抽取部分反应液以紫外可见分光光度计检测溶液的吸光度，M 的最大吸收波长为 465 nm。

MO 的降解度以 c/c_0 表示，其中，c 指某一时刻的 MO 浓度，c_0 为反应开始时（在暗室中达到吸附平衡）的 MO 浓度。由 Lambert - Beer 定律 $A = kbc$ 可知，吸光度 A 与 MO 浓度 c 成正比，因此 $A/A_0 = c/c_0$。

四、思考题

1. 如何选择合适能带大小的半导体制氢？
2. 如何实现光催化分解水中产氢和产氧的分离？
3. 光催化二氧化碳还原的选择性如何确定？

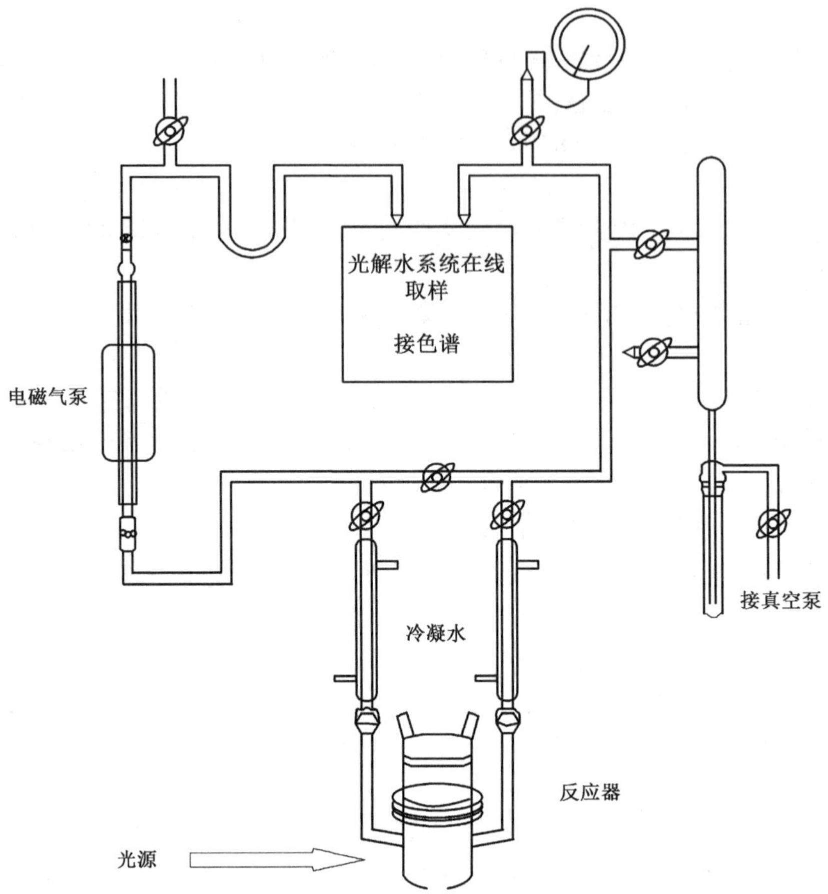

图 7.8.2　光催化制氢装置示意图

7.9　阳极氧化法制备固载式 TiO_2 纳米管阵列光电催化剂

一、实验目的

(1) 掌握 TiO_2 纳米管阵列光电极研究和应用背景。

(2) 了解阳极氧化法制备 TiO_2 纳米管阵列的形成机理和影响因素。

(3) 掌握 TiO_2 纳米管阵列的阳极氧化法操作和产物鉴定。

二、固载式光电催化剂的设计初衷

作为一种高级氧化技术，粉末负载电极式光电协同催化降解有机污染物的研究背景和操作方案，已在7.6节中有所叙述。简要来说，将光催化剂粉末通过黏结、旋涂、喷涂或沉积等操作方式，固定在导电玻璃、金属片、不锈钢或多孔陶瓷等基材上，借助外加偏压的调节可以实现光生载流子的有效分离，显著提高光催化过程的量子效率，达到提高光催化降解效率的目的。这种借助施加外场影响光催化进程的协同催化技术已成为近年来光催化领域的研究热点。虽然相关工作已成功地将光催化剂由悬浮型改进为负载型，对悬浮型光催化剂的易凝聚、易失活和后续分离再利用难等缺点问题进行了有效回避，但依然存在几点待解问题：

（1）如何进一步提升导电载体与光催化剂粉体之间的电子传输能力，实现外加偏压电流的有效传导，保障电助光催化过程的实现。

（2）如何提升二者之间结合强度，以适应被催化物质所在的复杂苛刻的液相催化环境，避免光催化剂粉末的脱落和失活。

TiO_2 纳米管阵列是一种典型的一维半导体纳米材料，具备优异的光学和电化学特性，又具有特殊的管状结构和较高的比表面积。一般来说，TiO_2 纳米管阵列可以采用液相法、模板法以及阳极氧化法等手段制备获得。基于如上背景，以钛板、钛箔等为基体，在电解质溶液中进行阳极腐蚀处理后，获得的固载化的 TiO_2 纳米管阵列/金属钛则成为集成式光电催化剂的优秀候选材料。由于阳极氧化法制备的 TiO_2 是直接在金属钛基底上生长获得的，因此具有优异的电子传输能力和机械强度，并且纳米管阵列的形貌和厚度均可控。

三、阳极氧化法制备 TiO_2 纳米管阵列的形成机理

通过阳极氧化法制备高度有序的 TiO_2 纳米管一般是以钛板为基体，在含氟的电解液中进行。通过改变阳极电位，电解液配方和浓度、温度，可得到不同尺寸的 TiO_2 纳米管。Gopal K Mor 等提出了阳极氧化法制备 TiO_2 纳米管的形成机理，清华大学朱永法对其进行了梳理总结：图 7.9.1 为 TiO_2 纳米管阵列形成机理示意图。

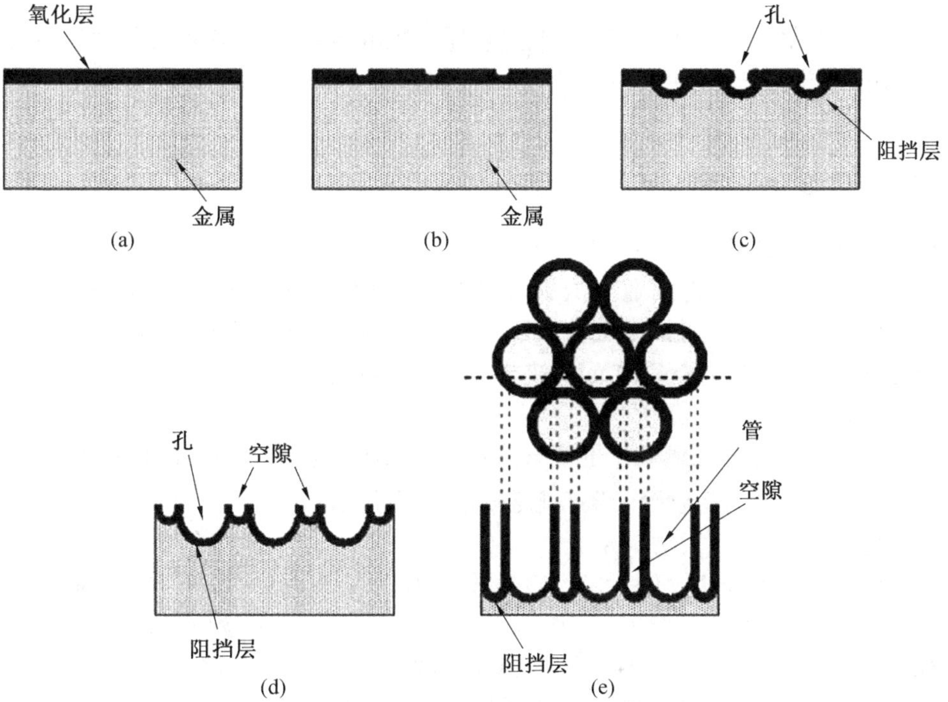

图 7.9.1　TiO_2 纳米管阵列形成机理示意图

（1）金属表面的氧化物生长是由于金属与 O^{2-} 或 OH^- 的作用。形成最初的氧化层后，这些阴离子通过氧化层到达金属－氧化物界面，在界面处与金属发生作用。

（2）Ti^{4+} 从金属－氧化物界面迁移出去，在电场的作用下迁移到氧化物－电解液界面。

(3) 在氧化物 - 电解液界面,电场促进了氧化物的溶解。由于电场的存在,Ti—O 键经历了极化作用而变弱,促进了 Ti^{4+} 在电解液中溶解,O^{2-} 迁移到金属 - 氧化物界面与金属相互作用;TiO_2 在含氟电解液中的化学溶解对纳米管的形成起了重要作用,并且溶解将决定纳米管层的厚度。

(4) 阳极氧化过程中,在电解液的作用下,金属或者氧化物也发生化学溶解。与此同时,初始氧化膜形成后出现内应力,且氧化膜中还存在电致伸缩应力、静电斥力等,促使少量 TiO_2 由非晶态转化为晶态。由于膜层的成分、膜层中的应力与结晶等因素的影响,因此膜层的表面能量分布不均,引起溶液中的 F^- 在高能部位聚集并强烈溶解该处氧化物,氧化膜表面变得凹凸不平。凹处氧化膜薄,电场强度高,氧化膜溶解快,形成孔核,孔核又因持续进行的场致和化学溶解过程而扩展为微孔,从而形成多孔氧化膜结构。

(5) 多孔氧化膜的稳定生长。在微孔的生长初期,微孔底部氧化层因薄于孔间氧化层而承受更高强度的电场。强电场使 O^{2-} 快速移向基体进行氧化反应,同时会加速氧化物的溶解,因此小孔底部氧化层与孔间氧化层会以不同的速率向基体推进,导致原来较为平整的氧化膜 - 金属界面变得凹凸不平。随着微孔的生长,孔间未被氧化的金属向上凸起,形成峰状,使电场线集中,电场增强,加速其顶部氧化膜的溶解,从而产生小空腔。空腔逐渐加深,将连续的小孔分离,形成有序独立的纳米管结构。

四、仪器与试剂

(1) 仪器。电化学工作站一部或可调式直流稳压电源一部,程序控温管式炉一台。

(2) 试剂。金属钛箔(厚度0.1 ~ 0.3 mm,纯度99% 以上),铂箔,丙酮,乙醇,NH_4F,乙二醇,去离子水等。

五、实验步骤

1. 金属钛箔的前处理

进行阳极腐蚀前,需要将商业金属钛箔进行前处理,以去除表面油污和杂质,使其洁净化。具体操作为:将大片金属钛箔裁剪成所需尺寸,例如 2 cm × 2 cm 大小,依次分别放入丙酮、乙醇和去离子水中超声震荡 10 min,夹出用蒸馏水冲洗后,在氮气流中干燥待用。

2. 电解液制备

电解液采用 NH_4F、乙二醇和水的混合溶液,参考配方为:0.74 g NH_4F + 98 mL 乙二醇 + 2 mL 去离子水,混合均匀后放置于聚四氟乙烯烧杯中待用。

3. 阳极处理过程

阳极处理采用二电极法操作,将处理好的钛箔作为工作电极,以铂箔或碳纸作为对电极,插入电解液中,电极间距设计为 2.5 ~ 5 cm。图 7.9.2 所示为阳极处理装置示意图。室温环境下,使用直流电压60 V 阳极处理,2 h 后,拿出放置于去离子水中超声处理 20 min,保留钛箔表面高度有序沟壑形貌。二次阳极处理在相同条件下操作 1 h。夹出用蒸馏水冲洗后,在氮气流中干燥待用。

4. 煅烧过程

为了增大 TiO_2 纳米管阵列结晶程度,可以采用煅烧处理。参考煅烧制度:空气气氛中,以 2 ℃/min 的升温速率升温到450 ℃,保温 3 h 后随炉冷却。

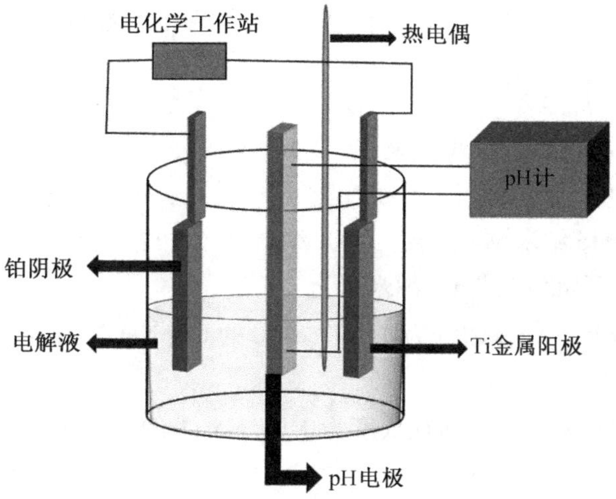

图 7.9.2　阳极处理装置示意图

5. 使用 TiO_2 纳米管阵列光电极进行光电催化水产氢实验

7.6 节中已述光电催化降解甲基橙实验，7.8 节中也已述光催化水制氢实验，此处的光电催化水制氢反应可在H形电解池中采用三电极法进行。该配置包括光源、H形电解池、TiO_2 纳米管阵列光阳极，铂片对电极，Ag/AgCl 参比电极，磁控体循环系统、真空系统和在线采样系统。光源采用300 W 氙灯，光强调节为100 mW/cm^2。反应时，于反应器内加入100 mg 催化剂并超声分散于100 mL 0.1 mol/L Na_2SO_4 水溶液中，产生的 H_2 和 O_2 由气相色谱仪在线定性定量分析。

六、思考题

1. 依据阳极氧化原理，该种方法还能制备什么材料？
2. 电解液中氟离子的关键作用是什么？
3. 负载型光电催化剂相比于悬浮型光催化剂有什么劣势，有什么改进方案？

7.10　集成式光电催化剂制备技术与应用

一、实验目的

（1）至少掌握两种在 TiO_2 纳米管阵列 /Ti 箔上负载功能性物质的操作方法和相应的基本原理。

（2）了解负载功能性物质的原则。

二、集成式光电催化剂的设计初衷

针对特定的光催化领域和相应的性能指标，7.9 节中所述整体式的 TiO_2 纳米管阵列 /Ti 箔光电极往往不能满足具体课题和性能的要求，这就需要在 TiO_2 纳米管阵列 /Ti 箔负载其他功能性物质，用以弥补单一 TiO_2 纳米管阵列光阳极的各项不足，形成 TiO_2 纳米管阵列和功能性物质的复合结构或异质结，实现 TiO_2 纳米管阵列光阳极的性能提升。

三、集成式方案的实现

方案 1　连续离子层吸附反应技术

连续离子层吸附反应技术英文为 Successive Ionic Layer Adsorption and Reaction (SILAR) Technique，将 CdS 和 PdS 纳米粒子负载在 TiO_2 纳米管阵列的具体操作步骤：

1. 将 CdS 纳米粒子沉积在 TiO_2 纳米管上

(1) 将 TiO_2 纳米管阵列在浓度为 0.05 mol/L 的 $Cd(NO_3)_2$ 水溶液中浸泡 10 min，之后用去离子水冲洗 1 次。

(2) 再将上述 TiO_2 纳米管阵列在浓度为 0.05 mol/L 的 Na_2S 溶液中浸泡 10 min，用去离子水冲洗 1 次。

(3) 将上述两步定义为一个循环，重复循环 5 次。

2. 将 PdS 纳米粒子沉积在 TiO_2 纳米管阵列上

步骤与 CdS 纳米粒子的沉积类似。

(1) 将上述已经负载上 CdS 的 TiO_2 纳米管阵列在浓度为 0.05 mol/L 的 $Pd(NO_3)_2$ 水溶液中浸泡 10 min，之后用去离子水冲洗 1 次。

(2) 再将其放置在浓度为 0.05 mol/L 的 Na_2S 溶液中浸泡 10 min，用去离子水冲洗 1 次。

(3) 将上述两步定义为一个循环，重复循环 5 次，得到 TiO_2 纳米管阵列 /CdS/PdS。

3. 光催化测试

以罗丹明 B(RhB) 有机染料污染物作为降解对象，对样品的光催化活性进行评价：将制备的样品放在石英反应器后，在黑暗中静置 1 h 以达到室温下的吸附平衡。将带有紫外光截止滤波器的 500 W 氙灯用作可视光源(λ > 420 nm)，每隔 1 h 用 Cary 500 扫描紫外可见分光光度计测定反应溶液的光吸收。

4. 光电催化测试

光电催化降解 RhB 是在一个单独的光电化学室中进行。样品在磁搅拌的圆柱形石英反应器中与铂箔阴极平行放置，饱和甘汞电极作为参比电极。实验中，光阳极上的偏置电位为 0.6 V(vs. SCE)，其他反应条件与光催化测量相同。

方案 2　电泳沉积负载法

1. 电泳沉积法制备 TiO_2 纳米管阵列负载石墨烯量子点异质结的具体操作步骤

(1) 按照 5% KH550 和 95%（质量分数）乙醇的比例配置混合溶液，待用。

(2) 将 TiO_2 纳米管阵列浸泡在上述溶液中室温下搅拌 3 h 进行改性。

(3) 三电极体系下，KH550 改性 TiO_2 纳米管阵列作为工作电极，Pt 作为对电极，Ag/AgCl(饱和 KCl) 作为参比电极，以 0.1 mg/mL 浓度的石墨烯量子点水溶液(pH = 9) 作为电解液，在 4 V 的电压下沉积 5 min，得到石墨烯量子点负载 TiO_2 纳米管阵列异质结。

2. 光催化测试

采用 XPA 反应器(中国南京徐江机电设备厂) 对其光催化活性进行测定。将 13 mm × 10 mm 的样品置于含 5 mL 亚甲基蓝(MB，浓度为 10 mg/L) 的 15 mL 石英试管中避光 1 h，达到辐射前的吸附平衡。随后，使用 1 000 W 的氙灯(UV 光被 2.0 mol/L 亚硝酸钠切断) 作为可见光光源进行光催化实验。反应溶液中剩余的MB浓度用UV－2450分光光度计测定。

方案3 电化学沉积负载法

1. 电化学沉积法制备 Cu_2O/TiO_2 纳米管阵列异质结的具体操作步骤

(1) 将阳极氧化法制备的 TiO_2 纳米管阵列剪裁成5 cm × 3 cm的片状。

(2) 取适量 $CuSO_4 \cdot 5H_2O$ 和柠檬酸在烧杯中配成电解质溶液，使用NaOH溶液调节pH至11。

(3) 采用三电极体系，TiO_2 纳米管阵列作为阳极，Pt片和Ag/AgCl分别作为对电极和参比电极，沉积电位保持在－1 V，沉积600 s。

(4) 将样品取出后用去离子水清洗，过夜干燥后待测。

2. 光电催化测试

使用型号为Autolab PGSTAT204的电化学工作站，采用三电极法检测环丙沙星光电催化降解效果，分别用制备的光阳极、铂箔和Ag/AgCl电极作为工作电极、对电极和参比电极。光源采用oriellcs－100太阳模拟器。配置含有浓度为10 mg/L环丙沙星的 Na_2SO_4 溶液，量取一定量后放置于50 mL石英反应器，安置好电极后，施加1.5 V的偏压电位进行光电催化降解。使用注射器，每隔1 h从反应器中提取相同质量的试样，采用紫外可见分光光度计检测吸光度。

方案4 光沉积法

1. 光沉积法制备 TiO_2 纳米管阵列负载 $Cu_{0.91}In_{0.09}S$ 微球的具体操作步骤

(1) 将浓度分别为2 mmol/L的 $CuSO_4$、2 mmol/L的 $InCl_3$ 和0.2 mmol/L的S配置成乙醇混合溶液，待用。

(2) 将 TiO_2 纳米管阵列浸入其中，连续搅拌，并在黑暗中氩气鼓泡0.5 h。

(3) 用500 W氙灯沿 TiO_2 纳米管阵列方向辐照30 min后，夹出洗涤干燥。

2. 光催化分解亚甲基蓝实验

(1) 黑暗条件下，将催化剂样品在亚甲基蓝溶液中搅拌30 min，使二者达到吸附平衡。

(2) 使用500 W的氙灯模拟可见光照射30 min。

(3) 用UV1700紫外可见分光光度计检测亚甲基蓝在464 nm的最大吸收波长来测定剩余染料浓度。

方案5 水热法

1. 水热法制备 TiO_2 纳米管阵列负载 MoS_2 纳米棒的具体操作步骤

(1) 称取0.88 g $(NH_4)_6Mo_7O_{24} \cdot 4H_2O$ 充分溶解到20 mL去离子水中。

(2) 称取2.64 g $Na_2S \cdot 9H_2O$，并量取4 mL的浓盐酸加入到上述溶液中。

(3) 将该溶液在水浴锅中恒温90 ℃ 搅拌30 min。

(4) 将0.7 g $NH_2OH \cdot HCl$ 溶解到20 mL去离子水中并将其注入上述溶液后，再搅拌10 min。

(5) 将上述所获溶液与 TiO_2 纳米管阵列一起转移至50 mL的聚四氟乙烯内胆中，将内胆安置在高压反应釜中120 ℃ 下水热12 h。

(6) 随炉冷却至室温后，将负载后的 TiO_2 纳米管阵列夹出，用去离子水和丙酮各冲洗3次，真空干燥后待测。

2. 光电催化 CO_2 还原转化实验

使用型号 CHI660D 电化学工作站，在0.1 mol/L 浓度的 $KHCO_3$ 溶液中测定光电催化 CO_2 还原性能。使用三电极体系，分别用铂片和饱和甘汞电极作为对电极和参比电极。用制备的负载后的 TiO_2 纳米管阵列为工作电极，面积为 4 cm^2。扫描速率为 50 mV/s。实验前，将氮气以40 sccm的速率注入 $KHCO_3$ 溶液中鼓泡30 min进行脱氧，然后再注入 CO_2 气体鼓泡30 min，直至饱和。光源采用氙灯照明（$\lambda \geq 420$ nm，光强为 100 mW · cm^{-2}），设定为可见光。使用 GC－9A 气相色谱分析仪对 CO_2 还原产物进行在线检测。

方案6　煅烧负载

1. 制备 g－C_3N_4/TiO_2 纳米管阵列异质结的具体操作步骤

（1）将三聚氰酸和三聚氰胺按等比例溶解在去离子水中，搅拌 4 h 后形成白色沉淀作为 g－C_3N_4 前驱体。

（2）充分洗涤白色沉淀物，60 ℃ 真空干燥待用获得 g－C_3N_4 前驱体粉末。

（3）在两片 TiO_2 纳米管阵列之间放置一定量的 g－C_3N_4 前驱体粉末，夹紧后置于陶瓷坩埚内。使用程序控温的管式炉，在氮气气氛下，以3 ℃/min 的升温速率升温至550 ℃，保温4 h 后随炉冷却。

（4）用强气流吹散残余粉末，获得 g－C_3N_4/TiO_2纳米管阵列异质结。

2. 光电催化水分解产氢产氧实验

使用型号 CHI660E 电化学工作站，在0.1 mol/L 浓度的 Na_2SO_4 水溶液中测定光电催化水产氢产氧性能。使用三电极体系，分别用铂片和 Ag/AgCl 电极作为对电极和参比电极。用制备的负载后的TiO_2纳米管阵列为工作电极，面积为4 cm^2。光源采用氙灯照明（$\lambda \geq 420$ nm，光强为 100 mW/cm^2）。

四、思考题

1. 哪种负载方式可能会对 TiO_2 纳米管阵列 /Ti 箔电极产生消极影响？为什么？
2. 如何表征鉴定负载物质？
3. 外加偏压对光电催化反应有什么影响？

参考文献

[1] 罗永勤,高云琴. 无机非金属材料实验[M]. 北京:冶金工业出版社,2018.

[2] 蒋鸿辉,邓义群,杨辉,等. 材料化学和无机非金属材料实验教程[M]. 北京:冶金工业出版社,2018.

[3] 孟永德. 无机非金属材料综合实验[M]. 广州:暨南大学出版社,2018.

[4] 李志辉,罗旭东. 无机非金属材料工程专业创新实验[M]. 北京:冶金工业出版社,2016.

[5] 伍洪标,谢峻林,冯小平. 无机非金属材料实验[M]. 北京:化学工业出版社,2011.

[6] 王涛,赵淑金. 无机非金属材料实验[M]. 北京:化学工业出版社,2011.

[7] 黄新友. 无机非金属材料专业综合实验与课程实验[M]. 北京:化学工业出版社,2008.

[8] 林宗寿. 无机非金属材料工学[M]. 武汉:武汉理工大学出版社,2014.

[9] 高里存,任耘. 无机非金属材料实验[M]. 北京:冶金工业出版社,2007.

[10] 葛山,尹玉成. 无机非金属材料实验教程[M]. 北京:冶金工业出版社,2008.

[11] 王瑞生. 无机非金属材料实验教程[M]. 北京:冶金工业出版社,2004.

[12] 浙江大学普通化学教研组. 普通化学实验 [M]. 3 版. 北京:高等教育出版社,1996.

[13] 欧阳国恩,欧阳荣. 复合材料试验技术 [M]. 武汉:武汉工业大学出版社,1993.

[14] 赵家凤. 大学物理实验 [M]. 北京:科学出版社,2000.

[15] 曹中一. "三性"实验的内涵与特征[J]. 实验室研究与探索, 2003, 22(4): 10-12.

[16] 肖建富,高瞻,李桂新. 综合性实验的界定与作用探析[J]. 实验技术与管理, 2008, 25(12): 143-145, 165.

[17] FU M C, SHANG R, ZHAO B, et al. Photocatalytic decarboxylative alkylations mediated by triphenylphosphine and sodium iodide[J]. Science, 2019, 363(6343): 1429-1434.

[18] JIAN J, XU Y, YANG X K, et al. Embedding laser generated nanocrystals in $BiVO_4$ photoanode for efficient photoelectrochemical water splitting[J]. Nature Communications, 2019, 10: 2609.

[19] DAI B Y, YU Y R, CHEN Y K, et al. Construction of self-healing internal electric field for sustainably enhanced photocatalysis[J]. Advanced Functional Materials, 2019, 29: 1807934.

[20] GAO W Q, LIU Q, ZHANG S, et al. Electromagnetic induction derived micro-electric potential in metal-semiconductor core-shell hybrid nanostructure enhancing charge separation for high performance photocatalysis[J]. Nano Energy, 2020, 71: 104624.

[21] LOW J X, YU J G, JARONIEC M, et al. Heterojunction photocatalysts[J]. Advanced Materials, 2017, 29(20): 1601694.

[22] XIONG J, LI X B, HUANG J T, et al. CN/rGO@BPQDs high-low junctions with stretching spatial charge separation ability for photocatalytic degradation and H_2O_2 production[J]. Applied Catalysis B: Environmental, 2020, 266: 118602.

[23] LI X B, XIONG J, GAO X M, et al. Novel BP/BiOBr S-scheme nano-heterojunction for

enhanced visible-light photocatalytic tetracycline removal and oxygen evolution activity[J]. Journal of Hazardous Materials, 2020, 387: 121690.

[24] 李喜宝,熊杰,许英,等. 缺陷辅助表面修饰提高 g-C_3N_4@C-TiO_2 直接 Z 型异质结的可见光光催化性能[J]. 催化学报, 2019, 40(3): 424-433.

[25] LI X B, ZHANG H S, HUANG J T, et al. Folded nano-porous graphene-like carbon nitride with signifcantly improved visible-light photocatalytic activity for dye degradation[J]. Ceramics International, 2017, 43: 15785-15792.

[26] LI X B, XIONG J, GAO X M, et al. Recent advances in 3D g-C_3N_4 composite photocatalysts for photocatalytic water splitting, degradation of pollutants and CO_2 reduction[J]. Journal of Alloys and Compounds, 2019, 802: 196-209.

[27] KIM K J, PARK M S, KIM Y J, et al. A technology review of electrodes and reaction mechanisms in vanadium redox flow batteries[J]. Journal of Materials Chemistry A, 2015, 3(33): 16913-16933.

[28] ZHANG H M, LI X F, ZHANG J J. Redox flow batteries: fundamentals and applications[M]. Florida :CRC Press, 2017.

[29] 张欢. Fe/Cr 液流电池中碳毡电极的碳化、活化及极化行为研究[D]. 大连:大连理工大学, 2019.

[30] ZHANG H, TAN Y, LUO X D, et al. Polarization effects of a rayon and polyacrylonitrile based graphite felt for iron-chromium redox flow battery[J]. ChemElectroChem, 2019, 6(12): 3175-3188.

[31] MOR G K, VARGHESE O K, PAULOSE M, et al. A review on highly ordered, vertically oriented TiO_2 nanotube arrays: fabrication, material properties, and solar energy applications[J]. Solar Energy Materials & Solar Cells, 2006, 90(14): 2011-2075.

[32] 朱永法,姚文清,宗瑞隆. 光催化环境净化与绿色能源应用探索[M]. 北京:化学工业出版社,2014.

[33] LI X B, KANG B B, DONG F, et al. Enhanced photocatalytic degradation and H_2/H_2O_2 production performance of S-pCN/$WO_{2.72}$ S-scheme heterojunction with appropriate surface oxygen vacancies[J]. Nano Energy, 2021: 105671.

[34] LI X B, XIONG J, XU Y, et al. Defect-assisted surface modification enhances the visible light photocatalytic performance of g-C_3N_4@C-TiO_2 direct Z-scheme heterojunction[J]. Chinese Journal of Catalysis, 2019, 40(3): 424-433.

[35] LI X B, LIU J Y, HUANG J T, et al. All organic S-scheme heterojunction PDI-Ala/S-C_3N_4 photocatalyst with enhanced photocatalytic performance[J]. Acta Physico -Chimica Sinica, 2021, 37: 2010030.

[36] CUI X Y, Gu H, YIN Y Y, et al. UV light-assisted fabrication of $Cu_{0.91}In_{0.09}S$ microspheres sensitized TiO_2 nanotube arrays and their photoelectrochemical properties[J]. Materials Research Bulletin, 2015, 64: 288-293.

[37] LI P Q, HU H T, XU J F, et al. New insights into the photo-enhanced electrocatalytic reduction of carbon dioxide on MoS_2-rods/TiO_2 NTs with unmatched energy band[J].

Applied Catalysis B: Environmental, 2014, 147: 912-919.

[38] LIU C H, WANG F, ZHANG J, et al. Efficient photoelectrochemical water splitting by g-C_3N_4/TiO_2 nanotube array heterostructures[J]. Nano-Micro Letters, 2018, 10(2): 37.